ステップアップ
微分積分学

前田定廣・梶木屋龍治 監修
日比野雄嗣 著

培風館

本書の無断複写は，著作権法上での例外を除き，禁じられています。
本書を複写される場合は，その都度当社の許諾を得てください。

まえがき

　本書は，大学初年級向けの微分積分学の教科書である．週1回の大学の授業を1年分，つまり90分30回の授業で行うことを目途に内容を選定した．数III程度の知識を仮定している部分があるので理系向けではあるが，証明に ε 論法を使わず，主に計算問題ができるようになることを目標にしている．

　このポジションの微分積分学のテキストはすでにたくさん出版されている．しかし，本書は特に奇をてらうことはなく，できるだけオーソドックスな記述を心がけた．最近の教科書では，内容を大きく削減してやさしくしていたり，高校からの接続をより重視して伝統的でない方法で記述しているものも多い．ところが，実際教科書を指定する教師の立場からすると，そういう独自の方針で書かれた教科書は，(思想が完全に一致すればよいが,)かえって使いにくい．そもそもどの教科書を選んでも，いいたいことが充分に書かれていなかったり，やらなくてもいいと思うようなことにページが割かれていたりして，自分の思想と完全に一致することはない．よって，どんな教科書を指定しても，自分が重要だと思うのに教科書に書いてない話は付け加えて授業するし，自分が重要だと思わない内容は (時間に余裕がないこともあって) 飛ばしてしまう．結局，どんな教科書を使用しても，本質的には同じ授業を行うことになる．微分積分学の講義内容が何十年も変わっていないというのは事実であるが，誰が授業しても同じなどということはまったくなくて，むしろその逆である．それがその教師の個性であり，彼の数学に対する哲学の現れなのである．数学に限らず，どの大学のどの教師の授業もたいていそういうものではないだろうか．

　本書は，筆者が現在授業で使っている講義用ノートを整理してまとめたものである．ただ講義用ノートは，定理の番号などをそのとき使っている教科書にあわせてその度に書き直すし，数値が異なる程度で本質の変わらない例題などはその教科書にあわせる．しかし，意外な盲点を突いたうまい例があれば，教科書が変わっても，毎年その例を使って説明する．要するに，講義ノートはい

ままで読んだ教科書から筆者が取捨選択した結果の集合体である．いままでに講義で使用した教科書は

[1] 野本久夫・岸 正倫「基礎課程解析入門」(サイエンス社)
[2] 洲之内治男「基礎微分積分」(サイエンス社)
[3] 高木貞治「解析概論」(岩波書店)
[4] 蛯原幸義・黒瀬秀樹・杉万郁夫・陶山芳彦・仙葉 隆・福嶋幸生・吉田 守・渡辺正文「改訂新版 微分積分学」(学術図書出版社)
[5] 三宅敏恒「入門微分積分」(培風館)
[6] 池辺信範・神崎正則・中村幹雄・緒方明夫「微分積分学概説」(培風館)

であるので，本書の中には，これらの本またはその他の本とまったく同じ例や問題があるかもしれない．今の授業で使用している教科書は (たまたま) [5] なので，これに一番似ているということもあるかもしれないが，たまたまである．

構成に関して，最近は「級数」を一つの章にまとめている教科書が多いようである．本書でいえば，1.3 節・2.5 節・2.6 節・3.8 節を最後に移動して，第 6 章として新しくまとめるような構成である．実際このほうが，第 1, 2, 3 章で前期に 15 節，第 4, 5, 6 章で後期に 15 節となって，半年の授業 2 つ分として使うには配分がちょうどよい．本書を教科書として使われる講義担当者は，そのようにするのもよいであろう．しかし，全体を通して読んだとき，テイラーの定理の直後に整級数からテイラー展開があるほうが流れが一貫していると思う．学生諸君が授業が一通り終わった後に改めて本書を読み返したときには，現在の構成がより理解を深めることになると信じている．

また本書では，筆者の授業では扱わないが他の教科書で扱われている定理については，極力 [演習問題 B] として採用した (ただし ε 論法にはまったくふれていない)．そして，本文に書くのと同程度の丁寧さで解答を書いた．教科書に載っていない内容を，教師が独自に付け加えて授業すると，学生諸君は自学しにくくなってしまうが，できる限りそういう状況に対処したつもりである．

何でも書いてある高度な本ではなく，必要なことだけコンパクトに書かれたシンプルな教科書を目指したのであるが，はたしてそうなっているだろうか．

最後に，このような教科書を書く機会を与えて下さった前田定廣教授に感謝の意を表します．また，梶木屋龍治教授には原稿を詳細に見ていただき，多くの助言を賜りました．心よりお礼を申し上げます．

平成 27 年 3 月

日比野雄嗣

目 次

1. 連続性   1
- 1.1 数の世界 1
- 1.2 実 数 3
- 1.3 級 数 10
- 1.4 連続関数 17
- 1.5 逆関数 20

2. 微分法   29
- 2.1 微 分 29
- 2.2 高次導関数 35
- 2.3 微分に関する諸定理 37
- 2.4 極 値 42
- 2.5 テイラー展開 44
- 2.6 整級数 47

3. 積分法   59
- 3.1 不定積分 59
- 3.2 有理関数の不定積分 62
- 3.3 積分の超絶技法 66
- 3.4 簡単な微分方程式 70
- 3.5 定積分 75
- 3.6 定積分の応用 80
- 3.7 広義積分 85
- 3.8 フーリエ展開 90

4. 偏微分   **105**

    4.1   連 続 性 107
    4.2   全微分可能性 109
    4.3   高階導関数と 2 変数のテイラーの定理 113
    4.4   2 変数関数の極値 118
    4.5   陰関数定理 122
    4.6   条件付き極値 125

5. 重 積 分   **135**

    5.1   重積分の定義 135
    5.2   累 次 積 分 137
    5.3   変 数 変 換 141
    5.4   重積分の応用 145
    5.5   広義重積分 150

付   録   **159**

問題の解答   **163**

索   引   **195**

1

連 続 性

通常の微分積分学の本の最初は，まず「実数」の話からはじまる．実数の性質と微分積分で必要な概念に共通のものがあるからである．それは，「極限」という概念である．

1.1 数 の 世 界

ここでは，復習を兼ねて，数の世界の拡がりについてみていこう．

(a) 自 然 数

自然数の集合は，$\mathbb{N} = \{1, 2, 3, \ldots\}$ である．natural number (自然数) の最初の文字をとって，$\mathbb{N}$ と表す．自然数は，四則演算の加法と乗法について閉じている．「自然数が加法と乗法について閉じている」というのは，自然数 a, b に対して，和 $a + b$ も積 ab も自然数になるということである．つまり，自然数の範囲で加法と乗法を自由に行うことができる．

(b) 整 数

整数の集合は，$\mathbb{Z} = \{\ldots, -2, -1, 0, 1, 2, 3, \ldots\}$ である．Zahlen (数 [ドイツ語]) の頭文字をとって，$\mathbb{Z}$ と表す．整数は，加法と乗法，さらに減法について閉じている．

(c) 有 理 数

有理数の集合は，$\mathbb{Q} = \left\{ \dfrac{m}{n} \,\middle|\, m \in \mathbb{Z}, n \in \mathbb{N} \right\}$ である．quotient (比) の頭文字をとって，$\mathbb{Q}$ と表す．有理数は，加法と減法と乗法，さらに (0 で割る以外の) 除法について閉じている．つまり，四則演算について閉じている．

よって，四則演算をするには，有理数までで十分である．すると，次に数の世界を実数に拡張する方向性は，ここまでとはまったく別のものとなる．そのために，数直線を考える．有理数は数直線上の点として表すことができる．このとき，**稠密性**(ちゅうみつ)とよばれる重要な性質をもつ．

定理 1.1 (有理数の稠密性) 任意の 2 つの有理数 a, b $(a < b)$ の間に有理数 c が存在する．

《証明》 $c = \dfrac{a+b}{2}$ ととれば $a < c < b$ であり，$\mathbb{Q}$ が四則演算で閉じていることから $c \in \mathbb{Q}$ である． ∎

上のことから，どんなに近い有理数の間にもさらに別の有理数があることがわかる．しかし，数直線上には有理数ではない点が存在する．そのような数を**無理数**という．

問 1 (1) $\sqrt{2}$ が無理数であることを示せ．
(2) 無理数の無理数乗で有理数になるものがあることを示せ．(Hint. $(\sqrt{2})^{\sqrt{2}}$ を考えよ．)

(d) 実　数

実数の集合は，real number (実数) の最初の文字をとって，$\mathbb{R}$ と表される．実数は有理数と無理数をあわせた集合であり，数直線全体になる．

有理数には稠密性があるのに有理数ではない数が存在するということは，有理数で極限をとったときに極限値に無理数をもつことがありうるということである．しかし実数の範囲で極限をとれば，その極限値は (存在すれば) 必ず実数である．つまり，実数は (有理数とは異なって)「極限について閉じている」といえる．この性質を**実数の連続性**という．

(e) 複 素 数

本書では扱わないが，数の世界の拡がりとして，複素数についてもふれておこう．複素数の集合は，$\mathbb{C} = \{a + bi \mid a, b \in \mathbb{R}\}$ である (i は虚数単位)．complex number (複素数) の最初の文字をとって，$\mathbb{C}$ と表す．

実数から複素数への拡張もまた別の方向性である．有理数では四則演算が自由にできたので，x を未知数とする 1 次方程式 $ax+b=0 \ (a \neq 0)$ が，有理数の範囲で解くことができた．このことは実数でも成り立つが，自然数や整数では成り立たないことである．しかし，x を未知数とする 2 次方程式 $ax^2+bx+c=0$ は，有理数の範囲はもちろん，実数の範囲でも解けるとは限らない．そこで，複素数まで数の世界を拡張すると，2 次方程式が解けるようになる．実は，複素数の範囲ですべての n 次方程式が解をもつことが知られている．(これを「代数学の基本定理」という．) 複素数は「方程式について閉じている」といってよいであろう．

ここまで，$\mathbb{N} \subset \mathbb{Z} \subset \mathbb{Q} \subset \mathbb{R} \subset \mathbb{C}$ と数の世界を拡げてきたが，もちろんさらなる拡張も考えられている．例えば，複素数を拡張した『数』の集合として，**四元数** $\mathbb{H} = \{a + bi + cj + dk \mid a, b, c, d \in \mathbb{R}\}$ というものがある．しかし，四元数は乗法の交換法則を満たさない．(例えば $ij \neq ji$)

実は，実数から複素数に拡張した際には，「順序」という性質を失っている (複素数には大小関係がないことに注意)．拡張によってできることが増える反面，できないことが生じるのは仕方ないが，乗法の交換法則を失ってしまうようでは，自然な形での数の世界は複素数までであるともいえる．

1.2 実　　数

定義 1.1 (数列の収束)　数列 $\{a_n\}$ に対して，n を限りなく大きくするとき，a_n が α に限りなく近づくことを，数列 $\{a_n\}$ は α に**収束する**といい，

$$\lim_{n \to \infty} a_n = \alpha$$

または

$$a_n \to \alpha \quad (n \to \infty)$$

と書く．

収束しないとき，**発散する**という．特に，n を限りなく大きくするとき，a_n が限りなく大きくなることを，数列 $\{a_n\}$ は ∞ に発散するといい，

$$\lim_{n \to \infty} a_n = \infty$$

または

と書く．また，a_n が限りなく小さくなることを，数列 $\{a_n\}$ は $-\infty$ に発散するといい，
$$\lim_{n\to\infty} a_n = -\infty$$
または
$$a_n \to -\infty \quad (n \to \infty)$$
と書く．

例 1.1 (1) 数列 $\left\{\dfrac{(-1)^n}{n}\right\}$ は 0 に収束する．
(2) 数列 $\{n\}$ は ∞ に発散する．
(3) 数列 $\{(-1)^n n\}$ は発散する．（振動しながら発散する）
(4) 数列 $\{(-1)^n\}$ は発散する．（振動する）

定理 1.2 数列 $\{a_n\}$, $\{b_n\}$ が収束し，$\lim\limits_{n\to\infty} a_n = \alpha$, $\lim\limits_{n\to\infty} b_n = \beta$ ならば，$\{pa_n + qb_n\}$, $\{a_n b_n\}$, $\left\{\dfrac{a_n}{b_n}\right\}$ も収束し，

(1) $\lim\limits_{n\to\infty}(pa_n + qb_n) = p\alpha + q\beta$,
(2) $\lim\limits_{n\to\infty} a_n b_n = \alpha\beta$,
(3) $\lim\limits_{n\to\infty} \dfrac{a_n}{b_n} = \dfrac{\alpha}{\beta}$,
(4) $\lim\limits_{n\to\infty} |a_n| = |\alpha|$

である．ただし，p, q は定数とし，(3) においては $\beta \neq 0$ とする．

《証明》[*)] (1) $|(pa_n + qb_n) - (p\alpha + q\beta)| \leq |p||a_n - \alpha| + |q||b_n - \beta|$
$$\to 0 \quad (n \to \infty)$$
(2) $|a_n b_n - \alpha\beta| \leq |a_n - \alpha||b_n - \beta| + |\beta||a_n - \alpha| + |\alpha||b_n - \beta| \to 0 \ (n \to \infty)$
(3) $\lim\limits_{n\to\infty} \dfrac{1}{b_n} = \dfrac{1}{\beta}$ を示せば，(2) からわかる．$\lim\limits_{n\to\infty} b_n = \beta \neq 0$ から，十分大きな n に対して $|b_n| \geq \frac{1}{2}|\beta| > 0$ となるので

[*)] $\leq, \geq$ は，$\leqq, \geqq$ と同じ意味である．

1.2 実数

$$0 \le \left|\frac{1}{b_n} - \frac{1}{\beta}\right| = \frac{1}{|b_n||\beta|}|\beta - b_n| \le \frac{2}{|\beta|^2}|\beta - b_n| \to 0 \quad (n \to \infty)$$

(4) 三角不等式により，

$$0 \le \bigl||a_n| - |\alpha|\bigr| \le |a_n - \alpha| \to 0$$

であることからすぐわかる． ∎

なお，$\lim_{n\to\infty}(a_n + b_n)$ が収束しても，$\lim_{n\to\infty} a_n$ や $\lim_{n\to\infty} b_n$ が収束するとは限らない．例えば，$a_n = \dfrac{1-n^2}{n}, b_n = n$ とすると，$\lim_{n\to\infty}(a_n + b_n)$ は収束するが，$\lim_{n\to\infty} a_n$ も $\lim_{n\to\infty} b_n$ も発散する．

問 2 $\lim_{n\to\infty}(a_n + b_n)$ と $\lim_{n\to\infty} a_n$ が収束するならば，$\lim_{n\to\infty} b_n$ も収束して，$\lim_{n\to\infty}(a_n + b_n) = \lim_{n\to\infty} a_n + \lim_{n\to\infty} b_n$ となることを示せ．

以下の定理もよく知っているであろう．

定理 1.3 数列 $\{a_n\}, \{b_n\}$ が収束し，$\lim_{n\to\infty} a_n = \alpha, \lim_{n\to\infty} b_n = \beta$ とすると，$a_n \le b_n$ ならば $\alpha \le \beta$．

定理 1.4 $a_n \le b_n$ かつ $\lim_{n\to\infty} a_n = \infty$ ならば，$\lim_{n\to\infty} b_n = \infty$．

定理 1.5 (はさみうちの原理) 数列 $\{a_n\}, \{b_n\}, \{c_n\}$ が $a_n \le b_n \le c_n$ かつ $\lim_{n\to\infty} a_n = \lim_{n\to\infty} c_n = \alpha$ を満たすならば，$\{b_n\}$ も収束して $\lim_{n\to\infty} b_n = \alpha$．

例題 1.1 $x \in \mathbb{R}$ とする．数列 $\left\{\dfrac{x^n}{n!}\right\}$ が収束することを示せ．

《解》 実数 x に対して，$k \leq |x| < k+1$ となる整数 k をとると，$n \geq k+1$ となる n に対して

$$0 \leq \left|\frac{x^n}{n!}\right| = \left|\frac{x \cdot x \cdots \cdots x \cdot x \cdot x}{n(n-1) \cdots 3 \cdot 2 \cdot 1}\right| \leq \left|\frac{x}{k+1}\right| \cdots \left|\frac{x}{k+1}\right| \left|\frac{x \cdots x \cdot x \cdot x}{k \cdots 3 \cdot 2 \cdot 1}\right|$$

であり，$\left|\dfrac{x}{k+1}\right| < 1$ により，

$$\lim_{n \to \infty} \left|\frac{x}{k+1}\right| \cdots \left|\frac{x}{k+1}\right| \left|\frac{x \cdots x \cdot x \cdot x}{k \cdots 3 \cdot 2 \cdot 1}\right| = \left|\frac{x^k}{k!}\right| \lim_{n \to \infty} \left|\frac{x}{k+1}\right|^{n-k} = 0$$

なので，はさみうちの原理 (定理 1.5) により，$\displaystyle\lim_{n \to \infty} \frac{x^n}{n!} = 0$ である． □

開区間 $\{x \in \mathbb{R} \mid a < x < b\}$ を (a,b) と書き，閉区間 $\{x \in \mathbb{R} \mid a \leq x \leq b\}$ を $[a,b]$ と書く．半開区間 $\{x \in \mathbb{R} \mid a \leq x < b\}$ や $\{x \in \mathbb{R} \mid a < x \leq b\}$ は，それぞれ $[a,b), (a,b]$ となる．

定義 1.2 (有界集合) 集合 $A \subset \mathbb{R}$ に対して，すべての $x \in A$ に対して $x \leq \alpha$ となる $\alpha \in \mathbb{R}$ が存在するとき，A は**上に有界**という．また，すべての $x \in A$ に対して $x \geq \beta$ となる $\beta \in \mathbb{R}$ が存在するとき，A は**下に有界**という．
上に有界かつ下に有界のとき，単に**有界**という．

例 1.2 (1) 集合 $\{n \mid n = 1, 2, 3, \ldots\}$ は下に有界であるが上に有界でない．

(2) 集合 $\left\{\dfrac{(-1)^n}{n} \;\middle|\; n = 1, 2, 3, \ldots\right\}$ は上にも下にも有界．

有界集合 $A \subset \mathbb{R}$ の**最大値**を，$\max A$ または $\displaystyle\max_{x \in A} x$ と書く．また，**最小値**を，$\min A$ または $\displaystyle\min_{x \in A} x$ と書く．

有界であっても，最大値や最小値は必ずしも存在しないことに注意せよ．例えば，半開区間 $[0,1)$ に対して，$\max[0,1)$ は存在しない．

定義 1.3 (上限) 空でない集合 $A \subset \mathbb{R}$ に対して，

$$E = \{\alpha \in \mathbb{R} \mid \text{すべての } x \in A \text{ に対して } x \leq \alpha\}$$

1.2 実数

という集合を A の**上界**という．上界 E の最小値 $\min E$ を**上限**といい，$\sup A$ または $\sup_{x \in A} x$ と書く．A が上に有界でないとき (E が空集合のとき) は，$\sup A = \infty$ とする．

下界，**下限**についても同様に定義する．集合 A の下限を $\inf A$ または $\inf_{x \in A} x$ と書く．A が下に有界でないときは，$\inf A = -\infty$ とする．

例 1.3 (1) $\sup[0, 1) = 1$
(2) $\inf[0, 1) = 0$
(3) $\sup \mathbb{N} = \infty$
(4) $\inf \mathbb{N} = 1$

定理 1.2 (1) とは異なり，$\sup_{n \in \mathbb{N}}(a_n + b_n) = \sup_{n \in \mathbb{N}} a_n + \sup_{n \in \mathbb{N}} b_n$ は成り立たない．例えば，$a_n = (-1)^n$, $b_n = (-1)^{n+1}$ とすると，$\sup_{n \in \mathbb{N}}(a_n + b_n) = 0$ であるが，$\sup_{n \in \mathbb{N}} a_n + \sup_{n \in \mathbb{N}} b_n = 2$ である．一般に，

$$\sup_{n \in \mathbb{N}}(a_n + b_n) \leq \sup_{n \in \mathbb{N}} a_n + \sup_{n \in \mathbb{N}} b_n$$

が成り立つ．

次の定理は，実数の定義としても用いられる重要な性質である．

定理 1.6 上に有界な集合には上限が存在する．また，下に有界な集合には下限が存在する．

上限であるための条件を，次に定理の形でまとめておく．

定理 1.7 集合 $A \subset \mathbb{R}$ に対して，
 (I) すべての $x \in A$ に対して，$x \leq \alpha$.
 (II) $\alpha' < \alpha$ ならば，$x > \alpha'$ を満たす $x \in A$ が存在する．
の 2 条件を満たす α が上限 $\sup A$ である．

《証明》 (I) の条件は，α が A の上界に属することを示している．一方，(II) の条件は，α より小さい数は A の上界には属さないことを示している．よって，α は A の上界の最小値，つまり，上限である． ∎

すべての n で $a_n \leq a_{n+1}$ が成り立つとき，数列 $\{a_n\}$ は**単調増加**であるという．また，$a_n \geq a_{n+1}$ が成り立つとき，数列 $\{a_n\}$ は**単調減少**であるという．特に $a_n < a_{n+1}$ のとき，**狭義単調増加**という．また，$a_n > a_{n+1}$ のとき，**狭義単調減少**という．

定理 1.8 上に有界な単調増加数列は収束する．また，下に有界な単調減少数列は収束する．

《証明》 数列 $\{a_n\}$ を上に有界な単調増加数列とし，その上限 $\sup_{n \in \mathbb{N}} a_n$ を α とする (定理 1.6 により，これは必ず存在する)．

任意に $\alpha' \, (< \alpha)$ をとると，定理 1.7 (II) により，$a_N > \alpha'$ を満たす a_N が存在するが，$\{a_n\}$ は単調増加なので，すべての $n \geq N$ で $a_n > \alpha'$ である．

一方，定理 1.7 (I) により，すべての $n \in \mathbb{N}$ で $\alpha \geq a_n$ である．

よって，$n \geq N$ ならば，$\alpha \geq a_n > \alpha'$，つまり，$0 \leq \alpha - a_n < \alpha - \alpha'$ となる．α' は任意であったので，$\alpha' \to \alpha$ として，$a_n \to \alpha \, (n \to \infty)$ がいえた． ∎

例題 1.2 $\begin{cases} a_{n+1} = \frac{1}{2}a_n + 1, & n \in \mathbb{N} \\ a_1 = 1 \end{cases}$ で定義される数列 $\{a_n\}$ が収束することを示し，その極限値を求めよ．

《解》 (1) まず，$\{a_n\}$ が上に有界であることを示す．数学的帰納法を用いて，$a_n \leq 2$ を証明する．

(i) $a_1 = 1 \leq 2$ により，$n = 1$ で成り立つ．

(ii) $a_k \leq 2$ と仮定する．

1.2 実数

$$a_{k+1} = \frac{1}{2}a_k + 1 \leq \frac{1}{2} \times 2 + 1 = 2$$

により，$n = k+1$ のときも成り立つ．

よって (i), (ii) により，すべての自然数 n に対して，$a_n \leq 2$ が示された．

(2) 次に，$\{a_n\}$ が単調増加であることを示す．

$$a_{n+1} - a_n = \frac{1}{2}a_n + 1 - a_n = \frac{1}{2}(2 - a_n) \geq 0 \quad (\because a_n \leq 2)$$

(1), (2) から $\{a_n\}$ は上に有界な単調増加数列となり，定理 1.8 により収束する．

よって，$\lim_{n \to \infty} a_n = \alpha$ とおく．すると，$\lim_{n \to \infty} a_{n+1} = \alpha$ でもあるので，$a_{n+1} = \frac{1}{2}a_n + 1$ の両辺の極限をとって，$\alpha = \frac{1}{2}\alpha + 1$ から，$\alpha = 2$ とわかる． □

例題 1.3 $a_n = \left(1 + \dfrac{1}{n}\right)^n$ は収束する．

《解》(1) まず，数列 $\{a_n\}$ が単調増加であることを示す[*]．

$$\begin{aligned}
a_n &= \left(1 + \frac{1}{n}\right)^n = \sum_{k=0}^{n} \binom{n}{k}\left(\frac{1}{n}\right)^k \\
&= 1 + n\frac{1}{n} + \frac{n(n-1)}{2!}\frac{1}{n^2} + \frac{n(n-1)(n-2)}{3!}\frac{1}{n^3} + \cdots \\
&\quad + \frac{n(n-1)\cdots 2 \cdot 1}{n!}\frac{1}{n^n} \\
&= 1 + 1 + \frac{1}{2!}\left(1 - \frac{1}{n}\right) + \frac{1}{3!}\left(1 - \frac{1}{n}\right)\left(1 - \frac{2}{n}\right) + \cdots \\
&\quad + \frac{1}{n!}\left(1 - \frac{1}{n}\right)\cdots\left(1 - \frac{n-1}{n}\right) \hspace{2cm} (1.1) \\
&< 1 + 1 + \frac{1}{2!}\left(1 - \frac{1}{n+1}\right) + \frac{1}{3!}\left(1 - \frac{1}{n+1}\right)\left(1 - \frac{2}{n+1}\right) + \cdots \\
&\quad + \frac{1}{n!}\left(1 - \frac{1}{n+1}\right)\cdots\left(1 - \frac{n-1}{n+1}\right)
\end{aligned}$$

---

[*] 二項係数 $\binom{n}{k} = \dfrac{n!}{k!(n-k)!}$. 組合せの数 ${}_n C_k$ と同じものである．

$$\begin{aligned}
&< 1 + 1 + \frac{1}{2!}\left(1 - \frac{1}{n+1}\right) + \frac{1}{3!}\left(1 - \frac{1}{n+1}\right)\left(1 - \frac{2}{n+1}\right) + \cdots \\
&\quad + \frac{1}{n!}\left(1 - \frac{1}{n+1}\right)\cdots\left(1 - \frac{n-1}{n+1}\right) \\
&\quad + \frac{1}{(n+1)!}\left(1 - \frac{1}{n+1}\right)\cdots\left(1 - \frac{n}{n+1}\right) \\
&= a_{n+1}
\end{aligned}$$

(2) 次に，$\{a_n\}$ が上に有界であることを示す．(1.1) から，

$$\begin{aligned}
a_n &< 1 + 1 + \frac{1}{2!} + \frac{1}{3!} + \cdots + \frac{1}{n!} \\
&< 1 + 1 + \frac{1}{2} + \frac{1}{2^2} + \cdots + \frac{1}{2^{n-1}} < 3
\end{aligned}$$

(1), (2) より，$\{a_n\}$ は収束する． □

これで，数列 $\{a_n\}$ が収束し，その極限値は，(2) により，3 以下であることがわかったが，その値まではわからない．実は，この極限値は

$$2.718281828459\cdots$$

という無理数である．この値を**ネイピア数**といい，e と書く．これは，数Ⅲで「自然対数の底」として習ったものと同じである．

1.3 級　数

数列 $\{a_n\}$ に対して，$\sum_{n=1}^{\infty} a_n$ を $\{a_n\}$ のつくる**級数**という．

定義 1.4 (級数の収束) 数列 $\{a_n\}$ に対して，$S_n = \sum_{k=1}^{n} a_k$ とおく．極限値 $S = \lim_{n\to\infty} S_n$ が存在するとき，$\sum_{n=1}^{\infty} a_n$ は**収束する**といい，その値を $\sum_{n=1}^{\infty} a_n = S$ と定義する．収束しないときは**発散する**という．

部分和 S_n について極限をとるので，次のように極限と同じ性質が成り立つ．

1.3 級　数

定理 1.9 級数 $\sum_{n=1}^{\infty} a_n$ と $\sum_{n=1}^{\infty} b_n$ が収束するとすると，$\sum_{n=1}^{\infty}(pa_n + qb_n)$ も収束し，$\sum_{n=1}^{\infty}(pa_n + qb_n) = p\sum_{n=1}^{\infty} a_n + q\sum_{n=1}^{\infty} b_n$ である．ただし，p, q は定数とする．

《証明》 定理 1.2 (1) と同様である． ∎

例 1.4 $a_n = ar^{n-1}$ $(a \neq 0)$ に対しては，$r \neq 1$ のとき，
$$S_n = \sum_{k=1}^{n} ar^{k-1} = \frac{a(1-r^n)}{1-r}$$
であり，$|r| < 1$ のとき $\lim_{n\to\infty} r^n = 0$ となることから，$\lim_{n\to\infty} S_n = \dfrac{a}{1-r}$ である．$r \leq -1$ または $r > 1$ のとき $\lim_{n\to\infty} r^n$ が発散するので，$\sum_{n=1}^{\infty} a_n$ は発散する．$r = 1$ のときは，$a_n = a$ なので，$S_n = an$ となり $\lim_{n\to\infty} S_n$ は発散する．
以上により，
$|r| < 1$ のとき $\sum_{n=1}^{\infty} ar^{n-1} = \dfrac{a}{1-r}$，$|r| \geq 1$ のとき $\sum_{n=1}^{\infty} ar^{n-1}$ は発散する．

例 1.5 $a_n = \dfrac{1}{n(n+1)}$ に対して，$a_n = \dfrac{1}{n} - \dfrac{1}{n+1}$ より
$$\sum_{k=1}^{n} a_k = \left(\frac{1}{1} - \frac{1}{2}\right) + \left(\frac{1}{2} - \frac{1}{3}\right) + \left(\frac{1}{3} - \frac{1}{4}\right) + \cdots + \left(\frac{1}{n} - \frac{1}{n+1}\right)$$
$$= 1 - \frac{1}{n+1} \to 1 \quad (n \to \infty)$$
から，$\sum_{n=1}^{\infty} a_n = 1$ となる．
$$\sum_{n=1}^{\infty} a_n = \left(\frac{1}{1} - \frac{1}{2}\right) + \left(\frac{1}{2} - \frac{1}{3}\right) + \left(\frac{1}{3} - \frac{1}{4}\right) + \cdots = 1$$
から $\sum_{n=1}^{\infty} a_n = 1$ となるわけではない．例えば，$b_n = 2^n - 2^{n+1}$ に対して，
$$\sum_{n=1}^{\infty} b_n = (2^1 - 2^2) + (2^2 - 2^3) + (2^3 - 2^4) + \cdots = 2^1 = 2$$

は間違いで，正しくは，

$$\sum_{k=1}^n b_k = (2^1 - 2^2) + (2^2 - 2^3) + (2^3 - 2^4) + \cdots + (2^n - 2^{n+1})$$
$$= 2 - 2^{n+1} \to -\infty \quad (n \to \infty)$$

なので，$\sum_{n=1}^\infty b_n$ は発散する．

<u>例 1.6</u> $\sum_{n=1}^\infty \dfrac{1}{n}$ は発散する．なぜなら

$$\sum_{k=1}^{2^n} \frac{1}{k} = \frac{1}{1} + \frac{1}{2} + \frac{1}{3} + \frac{1}{4} + \frac{1}{5} + \frac{1}{6} + \frac{1}{7} + \frac{1}{8} + \frac{1}{9} + \cdots + \frac{1}{2^n}$$
$$> \frac{1}{1} + \frac{1}{2} + \frac{1}{4} + \frac{1}{4} + \frac{1}{8} + \frac{1}{8} + \frac{1}{8} + \frac{1}{8} + \frac{1}{16} + \cdots + \frac{1}{2^n}$$
$$= \frac{1}{1} + \frac{1}{2} + \left(\frac{1}{4} + \frac{1}{4}\right) + \left(\frac{1}{8} + \frac{1}{8} + \frac{1}{8} + \frac{1}{8}\right)$$
$$\quad + \left(\frac{1}{16} + \cdots + \frac{1}{16}\right) + \cdots + \left(\frac{1}{2^n} + \cdots + \frac{1}{2^n}\right)$$
$$= 1 + \frac{1}{2} + \cdots + \frac{1}{2}$$
$$= 1 + \frac{n}{2} \to \infty \quad (n \to \infty)$$

により，$\sum_{n=1}^\infty \dfrac{1}{n} = \infty$ だからである．

定理 1.10 級数 $\sum_{n=1}^\infty a_n$ が収束するならば，$\lim_{n \to \infty} a_n = 0$ である．

《証明》 $S_n = \sum_{k=1}^n a_k$ とおく．このとき，$a_n = S_n - S_{n-1}$ であり，$\sum_{n=1}^\infty a_n$ が収束することから，$\lim_{n \to \infty} S_n = S$ とおくと，$\lim_{n \to \infty} S_{n-1} = S$ でもある．よって，$\lim_{n \to \infty} a_n = S - S = 0$． ∎

一般に，定理 1.10 の逆は成り立たない (例 1.6) が，特殊な場合には逆もいえる．

1.3 級　数

定理 1.11 (交代級数)　$a_n > 0$ とする．数列 $\{a_n\}$ が単調減少で $\lim\limits_{n \to \infty} a_n = 0$ ならば，$\sum\limits_{n=1}^{\infty} (-1)^{n+1} a_n$ は収束する．

《証明》　$S_n = \sum\limits_{k=1}^{n} (-1)^{k+1} a_k$ とおくと，

$$S_{2n} = (a_1 - a_2) + (a_3 - a_4) + \cdots + (a_{2n-1} - a_{2n})$$

ここで，$\{a_n\}$ が単調減少であることから，$a_k - a_{k+1} > 0$ である．よって，$\{S_{2n}\}$ は単調増加である．

一方，

$$S_{2n} = a_1 - (a_2 - a_3) - \cdots - (a_{2n-2} - a_{2n-1}) - a_{2n}$$

から，$S_{2n} < a_1$ である．よって，$\{S_{2n}\}$ は上に有界である．

以上により，$\{S_{2n}\}$ は収束する．その極限値を S とする．

また，$S_{2n+1} = S_{2n} + a_{2n+1}$ から，$\lim\limits_{n \to \infty} S_{2n+1} = S + 0 = S$ である．よって，$\{S_n\}$ は収束する．　∎

定義 1.5　$\sum\limits_{n=1}^{\infty} a_n$ は収束するが $\sum\limits_{n=1}^{\infty} |a_n|$ は収束しないとき，級数 $\sum\limits_{n=1}^{\infty} a_n$ は**条件収束**するという．

例 1.7　定理 1.11 により，$\sum\limits_{n=1}^{\infty} \dfrac{(-1)^{n+1}}{n}$ は収束するが，例 1.6 から，$\sum\limits_{n=1}^{\infty} \dfrac{1}{n}$ は収束しない．つまり，$\sum\limits_{n=1}^{\infty} \dfrac{(-1)^{n+1}}{n}$ は条件収束する．

なお，$\sum\limits_{n=1}^{\infty} \dfrac{(-1)^{n+1}}{n}$ の値は例 2.22 で求めるが，これを A とおくと，

$$A = \sum_{n=1}^{\infty} \frac{(-1)^{n+1}}{n}$$
$$= \frac{1}{1} - \frac{1}{2} + \frac{1}{3} - \frac{1}{4} + \frac{1}{5} - \frac{1}{6} + \frac{1}{7} - \frac{1}{8} + \cdots$$
$$= \frac{1}{1} - \frac{1}{2} - \frac{1}{4} + \frac{1}{3} - \frac{1}{6} - \frac{1}{8} + \cdots + \frac{1}{2k-1} - \frac{1}{2(2k-1)} - \frac{1}{2 \cdot 2k} + \cdots$$

$$= \frac{1}{2} - \frac{1}{4} + \frac{1}{6} - \frac{1}{8} + \cdots + \frac{1}{2(2k-1)} - \frac{1}{2 \cdot 2k} + \cdots$$

$$= \frac{1}{2}\left(\frac{1}{1} - \frac{1}{2} + \frac{1}{3} - \frac{1}{4} + \cdots\right)$$

$$= \frac{1}{2}A$$

となってしまい，項の順序を入れ替えると異なる値に収束することがある．

問 3 条件収束するならば，うまく項の順序を入れ替えると任意の値に収束させることができることを示せ．

定義 1.6 すべての $n \in \mathbb{N}$ に対して $a_n \geq 0$ のとき，級数 $\sum_{n=1}^{\infty} a_n$ を**正項級数**という．

定理 1.12 正項級数 $\sum_{n=1}^{\infty} a_n$ に対して，部分和 $S_n = \sum_{k=1}^{n} a_k$ が上に有界ならば，級数 $\sum_{n=1}^{\infty} a_n$ は収束する．

《証明》 数列 $\{S_n\}$ は上に有界な単調増加数列になるので，定理 1.8 によりわかる． ∎

定理 1.13 (比較判定法) 正項級数 $\sum_{n=1}^{\infty} a_n$, $\sum_{n=1}^{\infty} b_n$ において，$a_n \leq b_n$ かつ $\sum_{n=1}^{\infty} b_n$ が収束するならば，$\sum_{n=1}^{\infty} a_n$ も収束する．

《証明》 仮定より，$\sum_{k=1}^{n} a_k \leq \sum_{k=1}^{n} b_k \leq \sum_{n=1}^{\infty} b_n$ である．よって，$\sum_{n=1}^{\infty} a_n$ は部分和が上に有界な正項級数なので，定理 1.12 により，収束する． ∎

例題 1.4 級数 $\sum_{n=1}^{\infty} \frac{1}{n^2}$ が収束することを示せ．

1.3 級数

《解》 $n \geq 2$ で
$$0 < \frac{1}{n^2} < \frac{1}{n(n-1)}$$
であり，例 1.5 により，$\sum_{n=2}^{\infty} \frac{1}{n(n-1)} = \sum_{n=1}^{\infty} \frac{1}{n(n+1)}$ は収束するので，$\sum_{n=2}^{\infty} \frac{1}{n^2}$ は収束する．よって，$\sum_{n=1}^{\infty} \frac{1}{n^2}$ は収束する． □

級数 $\sum_{n=1}^{\infty} \frac{1}{n^{\alpha}}$ が，$\alpha = 1$ のときは発散し，$\alpha = 2$ のときは収束することを示したが，一般には次の定理が成り立つ．

定理 1.14 級数 $\sum_{n=1}^{\infty} \frac{1}{n^{\alpha}}$ は，$\alpha > 1$ のとき収束し，$\alpha \leq 1$ のとき発散する．

《証明》 定理 3.16 の後で与える． ∎

定理 1.15 正項級数 $\sum_{n=1}^{\infty} a_n$ が収束するならば，項の順序を入れ替えても同じ値に収束する．

《証明》 数列 $\{a_n\}$ の順序を入れ替えた数列を $\{\widetilde{a}_n\}$ とする．仮定より，$\sum_{n=1}^{\infty} a_n = S$ が存在する．

ある自然数の列 $\{n(k)\}$ をとると，$\widetilde{a}_k = a_{n(k)}$ となっているが，$N = \max_{k=1,2,\ldots,m} n(k)$ とおくと，
$$\sum_{k=1}^{m} \widetilde{a}_k \leq \sum_{k=1}^{N} a_k \leq S$$
が成り立つので，定理 1.12 により正項級数 $\sum_{n=1}^{\infty} \widetilde{a}_n$ は収束し，$\sum_{n=1}^{\infty} \widetilde{a}_n = \widetilde{S}$ とおくと，$\widetilde{S} \leq S$ である．

正項級数 $\sum_{n=1}^{\infty} \widetilde{a}_n$ が収束することがわかったので，数列 $\{\widetilde{a}_n\}$ の順序を入れ替えた数列が $\{a_n\}$ だと考えると，同様の議論で，$S \leq \widetilde{S}$ である．

以上より，$\sum_{n=1}^{\infty} a_n$ と $\sum_{n=1}^{\infty} \tilde{a}_n$ が同じ極限値に収束することがわかった． ∎

定義 1.7 級数 $\sum_{n=1}^{\infty} a_n$ に対して，$\sum_{n=1}^{\infty} |a_n|$ が収束するとき，級数 $\sum_{n=1}^{\infty} a_n$ は**絶対収束**するという．

定理 1.16 級数 $\sum_{n=1}^{\infty} a_n$ が絶対収束するならば，収束する．

《証明》 $p_n = \begin{cases} a_n, & a_n > 0 \\ 0, & a_n \leq 0 \end{cases}$, $q_n = \begin{cases} 0, & a_n \geq 0 \\ -a_n, & a_n < 0 \end{cases}$ とすると，$\sum_{k=1}^{n} |a_k| = \sum_{k=1}^{n} p_k + \sum_{k=1}^{n} q_k$ である．仮定より，$\sum_{n=1}^{\infty} |a_n|$ は収束する．この値を S とおくとき，

$$\sum_{k=1}^{n} p_k \leq \sum_{k=1}^{n} |a_k| \leq S$$

よって，$\sum_{n=1}^{\infty} p_n$ は収束する．同様に，$\sum_{n=1}^{\infty} q_n$ も収束する．

ここで $\sum_{k=1}^{n} a_k = \sum_{k=1}^{n} p_k - \sum_{k=1}^{n} q_k$ であるので，$\sum_{n=1}^{\infty} a_n$ は収束する． ∎

定理 1.17 級数 $\sum_{n=1}^{\infty} a_n$ が絶対収束するならば，項の順序を入れ替えても同じ値に収束する．

《証明》 $\sum_{n=1}^{\infty} |a_n|$ は正項級数だから，定理 1.15 により，順序を替えても収束する．よって，定理 1.16 により，順序を替えた数列も収束する．

極限値が同じであることを示すために，定理 1.16 の証明と同様に，$\{a_n\}$ に対して $\{p_n\}$，$\{q_n\}$ を，また，順序を替えた数列 $\{\tilde{a}_n\}$ に対して $\{\tilde{p}_n\}$，$\{\tilde{q}_n\}$ を定める．定理 1.16 の証明で示したように，$\{p_n\}$，$\{q_n\}$ は収束する．また，定

理 1.15 の証明と同様にして，$\{p_n\}$ と $\{\widetilde{p}_n\}$ は同じ値に収束し，$\{q_n\}$ と $\{\widetilde{q}_n\}$ は同じ値に収束する．

よって，$\sum_{k=1}^{n} a_k = \sum_{k=1}^{n} p_k - \sum_{k=1}^{n} q_k$ と $\sum_{k=1}^{n} \widetilde{a}_k = \sum_{k=1}^{n} \widetilde{p}_k - \sum_{k=1}^{n} \widetilde{q}_k$ により，$\sum_{n=1}^{\infty} a_n$ と $\sum_{n=1}^{\infty} \widetilde{a}_n$ は同じ値に収束する． ∎

1.4 連続関数

次に，関数の極限を考える．数列の極限とは近づき方が 2 方向になる点が異なるが，極限の考え方は同じである．

定義 1.8 (極限) 関数 $f(x)$ に対して，x が a に限りなく近づくとき，$f(x)$ が α に限りなく近づくならば，
$$\lim_{x \to a} f(x) = \alpha$$
または
$$f(x) \to \alpha \quad (x \to a)$$
と書く．

定理 1.18 $\lim_{x \to a} f(x) = \alpha$, $\lim_{x \to a} g(x) = \beta$ ならば，

(1) $\lim_{x \to a} (pf(x) + qg(x)) = p\alpha + q\beta$,

(2) $\lim_{x \to a} f(x)g(x) = \alpha\beta$,

(3) $\lim_{x \to a} \dfrac{f(x)}{g(x)} = \dfrac{\alpha}{\beta}$

である．ただし，p, q は定数とし，(3) においては $\beta \neq 0$ とする．

《証明》 定理 1.2 と同様である． ∎

定義 1.9 (右極限・左極限) x が a より大きい値をとりつつ a に限りなく近づくとき，$f(x)$ が α に限りなく近づくならば，
$$\lim_{x \downarrow a} f(x) = \alpha$$

と書く．このとき，α を $x = a$ における $f(x)$ の**右極限**という．また，x が a より小さい値をとりつつ a に限りなく近づくとき，$f(x)$ が α に限りなく近づくことを，

$$\lim_{x \uparrow a} f(x) = \alpha$$

と書く．このとき，α を $x = a$ における $f(x)$ の**左極限**という．

関数 $f(x)$ の $x \to a$ ($x \downarrow a$, $x \uparrow a$) の極限値は，$f(a)$ の値がなくても定義できる．$f(a)$ の値があるとき，これと極限値との関係から連続性を定義する．

定義 1.10 (連続性) 関数 $f(x)$ が点 $x = a$ で**連続**であるとは，

$$\lim_{x \to a} f(x) = f(a) \tag{1.2}$$

のときをいう．また，

$$\lim_{x \downarrow a} f(x) = f(a) \tag{1.3}$$

のときを**右連続**といい，

$$\lim_{x \uparrow a} f(x) = f(a) \tag{1.4}$$

のときを**左連続**という．

定理 1.19 右連続かつ左連続ならば連続である．

《証明》 (1.3) と (1.4) から，

$$\lim_{x \downarrow a} f(x) = \lim_{x \uparrow a} f(x) = f(a)$$

である．よって，$\lim_{x \to a} f(x)$ が存在して，その値は $f(a)$ に等しい．∎

関数 $f(x)$ が区間 I のすべての点で連続のとき，$f(x)$ は**区間 I で連続**という．I が閉区間のときは，端点では右連続または左連続で置き換える．

例題 1.5 $\sin x$ が $\mathbb{R}$ で連続であることを示せ．

1.4 連続関数

《解》 $a \in \mathbb{R}$ に対して,
$$0 \leq |\sin x - \sin a| = \frac{1}{2}\left|\cos\frac{x+a}{2}\sin\frac{x-a}{2}\right|$$
$$\leq \frac{1}{2}\left|\sin\frac{x-a}{2}\right|$$
$$\leq \frac{1}{2}\left|\frac{x-a}{2}\right| \to 0 \quad (x \to a)$$

により, $\lim_{x \to a} \sin x = \sin a$ である. (すべての $x \in \mathbb{R}$ で $|\sin x| \leq |x|$ であることを使った.) □

定理 1.20 関数 $f(x), g(x)$ が $x = a$ で連続ならば, $pf(x) + qg(x)$, $f(x)g(x)$ も $x = a$ で連続である. さらに, $g(a) \neq 0$ のとき, $\dfrac{f(x)}{g(x)}$ も連続である. ただし, p, q は定数とする.

《証明》 定理 1.18 からすぐわかる. ∎

定理 1.21 $f(a) = b$ とする. $y = f(x)$ が $x = a$ で連続で, $z = g(y)$ が $y = b$ で連続ならば, **合成関数** $z = g(f(x))$ は $x = a$ で連続である.

《証明》 $g(y)$ が $y = b$ で連続であることから, $y \to b$ のとき $g(y) \to g(b)$ である. また, $f(x)$ が $x = a$ で連続であることから, $x \to a$ のとき $f(x) \to f(a)$, つまり, $y \to b$ である. よって, $x \to a$ のとき $g(f(x)) = g(y) \to g(b) = g(f(a))$ である. つまり, $g(f(x))$ は $x = a$ で連続である. ∎

次の 2 つの定理は直観的には明らかであるが, その証明は本書のレベルを超えるので, 証明なしに述べる.

定理 1.22 (中間値の定理) 関数 $f(x)$ は閉区間 $[a, b]$ で連続とする. $f(a)f(b) < 0$ ならば $f(c) = 0$ となる $c \in (a, b)$ が存在する.

> **定理 1.23 (最大値・最小値の原理)** 関数 $f(x)$ を閉区間 $[a,b]$ で連続とすると，$f(x)$ は $[a,b]$ で最大値と最小値をとる．

1.5 逆関数

前節では，説明なしに「関数」という用語を使ったが，ここできちんと定義しておこう．

定義 1.11 (関数) 集合 X から集合 Y への対応 $f : X \to Y$ において，各 $x \in X$ に対して $f(x) \in Y$ が 1 つだけ決まるとき，f を**写像**という．特に，$Y \subset \mathbb{R}$ のとき，**関数**という．

X のことを**定義域**といい，Y のことを**値域**という．集合 $\{f(x) \mid x \in X\}$ ($\subset Y$) のことを**像**といい，$f(X)$ と書く．

上の定義において，
(A) $y \in Y$ に対して，$x_1 \neq x_2$ であるにもかかわらず $f(x_1) = f(x_2) = y$ となる $x_1, x_2 \in X$ があってもかまわない，
(B) $y \in Y$ に対して，$f(x) = y$ となる $x \in X$ が 1 つもなくてもかまわない，
ことに注意しておく．

定義 1.12 (A) を満たす x_1, x_2 がないとき，つまり，「$x_1 \neq x_2$ ならば $f(x_1) \neq f(x_2)$」が常に成り立つとき，f を**単射**または **1 対 1 の写像**という．
(B) を満たす $y \in Y$ がないとき，つまり，$f(X) = Y$ のとき，f を**全射**または**上への写像**という．
全射かつ単射のとき，**全単射**という．

例 1.8 関数 $f : X \to Y$ が $f : x \mapsto x^2$ で定められているとする．
(1) $X = \mathbb{R}, Y = \mathbb{R}$ のとき，f は全射でも単射でもない．
(2) $X = \mathbb{R}, Y = [0, \infty)$ のとき，f は全射であるが単射でない．
(3) $X = [0, \infty), Y = \mathbb{R}$ のとき，f は単射であるが全射でない．
(4) $X = [0, \infty), Y = [0, \infty)$ のとき，f は全単射である．

1.5 逆関数

定義 1.13 写像 $f: X \to Y$ が全単射のとき，すべての $y \in Y$ に対して，$f(x) = y$ となる $x \in X$ がただ 1 つ定まる．この対応 $f^{-1}: y \mapsto x$ を，f の**逆写像**という．

関数 $f: X \to Y$ で $X \subset \mathbb{R}$ であれば，同様に，全単射のとき**逆関数** $f^{-1}: Y \to X$ が定まる．

$x_1 < x_2$ ならば $f(x_1) \leq f(x_2)$ となる関数 $f(x)$ を**単調増加関数**という．また，$x_1 < x_2$ ならば $f(x_1) \geq f(x_2)$ となる関数 $f(x)$ を**単調減少関数**という．特に，$x_1 < x_2$ ならば $f(x_1) < f(x_2)$ のとき，**狭義単調増加**という．また，$x_1 < x_2$ ならば $f(x_1) > f(x_2)$ のとき，**狭義単調減少**という．

定理 1.24 関数 $f: [a,b] \to \mathbb{R}$ が狭義単調増加または狭義単調減少のとき，$f^{-1}: f([a,b]) \to [a,b]$ という逆関数が存在する．

《証明》 $f: [a,b] \to f([a,b])$ と値域を制限すれば，f は全射である．また，狭義単調のとき，$x_1 \neq x_2$ ならば $f(x_1) \neq f(x_2)$ が成り立つので，単射である．よって，全単射なので，逆関数が存在する． ∎

例 1.9 (**逆正弦関数**) 正弦関数 $f(x) = \sin x$ は，$f: \mathbb{R} \to [-1, 1]$ としては単射ではないが，

$$f: \left[-\frac{\pi}{2}, \frac{\pi}{2}\right] \to [-1, 1]$$

とすると，全単射になるので，

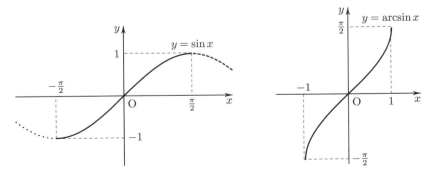

図 1.1 逆正弦関数

$$f^{-1} : [-1, 1] \to \left[-\frac{\pi}{2}, \frac{\pi}{2}\right]$$

という逆関数が定まる．これを $\arcsin x$（または $\mathrm{Sin}^{-1} x$）と書く（図 1.1）．

$\sin x$ を全単射にするために定義域を $[-\frac{\pi}{2}, \frac{\pi}{2}]$ としたが，必ずしもこれでなくても全単射にはできる．定義域を $[-\frac{\pi}{2}, \frac{\pi}{2}]$ として定まる逆正弦関数を**主値**という．定義域を $[-\frac{\pi}{2}, \frac{\pi}{2}]$ としたため，例えば，

$$\arcsin\left(\sin \frac{3}{4}\pi\right) = \arcsin\left(\frac{\sqrt{2}}{2}\right) = \frac{\pi}{4}$$

となるので，注意が必要である．

例 1.10 (逆余弦関数)　余弦関数 $f(x) = \cos x$ は，

$$f : [0, \pi] \to [-1, 1]$$

とすると，全単射になるので，

$$f^{-1} : [-1, 1] \to [0, \pi]$$

という逆関数が定まる．これを $\arccos x$（または $\mathrm{Cos}^{-1} x$）と書く（図 1.2）．

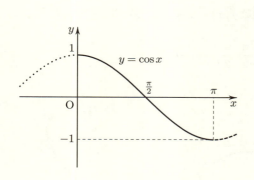
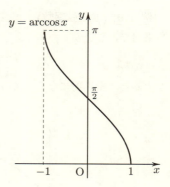

図 1.2　逆余弦関数

例 1.11 (逆正接関数)　正接関数 $f(x) = \tan x$ は，

$$f : \left(-\frac{\pi}{2}, \frac{\pi}{2}\right) \to \mathbb{R}$$

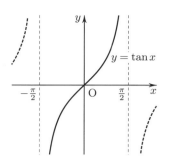
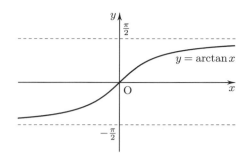

図 1.3 逆正接関数

とすると，全単射になるので，

$$f^{-1} : \mathbb{R} \to \left(-\frac{\pi}{2}, \frac{\pi}{2}\right)$$

という逆関数が定まる．これを $\arctan x$（または $\mathrm{Tan}^{-1} x$）と書く（図 1.3）．

例 1.12 (対数関数)　$a > 0, a \neq 1$ に対して，指数関数 $f(x) = a^x$ は，

$$f : \mathbb{R} \to (0, \infty)$$

とすると，全単射になるので，

$$f^{-1} : (0, \infty) \to \mathbb{R}$$

という逆関数が定まる．これを $\log_a x$ と書く．特に，$a = e$ のとき，単に $\log x$（または $\ln x$）と書く．これを**自然対数**という（図 1.4）．

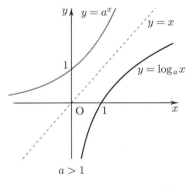
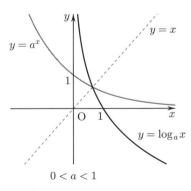

図 1.4 対数関数

第1章の演習問題

[A]

問題 1.1 次の極限値が存在すれば求めよ．

(1) $\displaystyle\lim_{n\to\infty} n(\log(n+1) - \log n)$
(2) $\displaystyle\lim_{n\to\infty} \left(\frac{n}{n+1}\right)^n$
(3) $\displaystyle\lim_{n\to\infty} \left(1 + \frac{1}{3n}\right)^n$
(4) $\displaystyle\lim_{n\to\infty} \left(1 + \frac{1}{n-1}\right)^n$
(5) $\displaystyle\lim_{m\to-\infty} \left(1 + \frac{1}{m}\right)^m$
(6) $\displaystyle\lim_{n\to\infty} \frac{2n^2+1}{n^2-1}$
(7) $\displaystyle\lim_{n\to\infty} \frac{n^2-n+1}{2n^2+5}$
(8) $\displaystyle\lim_{n\to\infty} \frac{1+2+\cdots+n}{n^2}$
(9) $\displaystyle\lim_{n\to\infty} \frac{1^2+2^2+\cdots+n^2}{n^3+2}$
(10) $\displaystyle\lim_{n\to\infty} \frac{3n-1}{\sqrt{n^2+1}+n}$
(11) $\displaystyle\lim_{n\to\infty} \frac{1}{n-\sqrt{n^2+2n}}$
(12) $\displaystyle\lim_{n\to\infty} \frac{3\sqrt{n}-\sqrt{n+1}}{\sqrt{n+2}+\sqrt{n}}$
(13) $\displaystyle\lim_{n\to\infty} (\sqrt{n+1} - \sqrt{n})$
(14) $\displaystyle\lim_{n\to\infty} (\sqrt{n^2+1} - n)$
(15) $\displaystyle\lim_{n\to\infty} \sqrt{n}(\sqrt{n+2} - \sqrt{n})$
(16) $\displaystyle\lim_{n\to\infty} (-3)^n$
(17) $\displaystyle\lim_{n\to\infty} \left(-\frac{1}{3}\right)^{n+2}$
(18) $\displaystyle\lim_{n\to\infty} \left(\frac{1}{1+a^2}\right)^n$
(19) $\displaystyle\lim_{n\to\infty} \frac{4^{n+1} - 3^{n+1}}{4^n - 3^n}$
(20) $\displaystyle\lim_{n\to\infty} \sin\frac{n\pi}{2n-1}$

問題 1.2 $a_n = (-1)^n + \dfrac{1}{n}$ $(n \in \mathbb{N})$ とする．次の値が存在すれば求めよ．

(1) $\displaystyle\max_{n\in\mathbb{N}} a_n$
(2) $\displaystyle\min_{n\in\mathbb{N}} a_n$
(3) $\displaystyle\sup_{n\in\mathbb{N}} a_n$
(4) $\displaystyle\inf_{n\in\mathbb{N}} a_n$
(5) $\displaystyle\lim_{n\to\infty} a_n$

問題 1.3 次の数列が収束するかどうかを調べ，収束するときはその極限値を求めよ．

(1) $\begin{cases} a_{n+1} = \frac{1}{2}a_n + 1, & n \in \mathbb{N} \\ a_1 = 3 \end{cases}$
(2) $\begin{cases} a_{n+1} = \sqrt{a_n + 1}, & n \in \mathbb{N} \\ a_1 = 1 \end{cases}$
(3) $\begin{cases} a_{n+1} = (\sqrt{2})^{a_n}, & n \in \mathbb{N} \\ a_1 = \sqrt{2} \end{cases}$
(4) $\begin{cases} a_{n+1} = (\sqrt{3})^{a_n}, & n \in \mathbb{N} \\ a_1 = \sqrt{3} \end{cases}$

演習問題

問題 1.4 次の級数の収束・発散を調べ，収束すれば極限値を求めよ．

(1) $\displaystyle\sum_{n=1}^{\infty} \frac{2^n - 3^n}{4^n}$
(2) $\displaystyle\sum_{n=1}^{\infty} \frac{2}{n(n+3)}$
(3) $\displaystyle\sum_{n=1}^{\infty} \frac{1}{\sqrt{n+1} + \sqrt{n}}$
(4) $\displaystyle\sum_{n=1}^{\infty} \frac{n}{(n+1)!}$

問題 1.5 次の極限値を求めよ．

(1) $\displaystyle\lim_{x \to 0} (1+x)^{1/x}$
(2) $\displaystyle\lim_{x \to 0} \frac{\log(1+x)}{x}$
(3) $\displaystyle\lim_{x \to 0} \frac{e^x - 1}{x}$
(4) $\displaystyle\lim_{x \to 1} \frac{x^2 + x - 2}{x - 1}$
(5) $\displaystyle\lim_{x \to 2} \frac{x^2 - x - 2}{x^3 - 8}$
(6) $\displaystyle\lim_{x \to \infty} \frac{x}{2\sqrt{x+1} - \sqrt{x}}$
(7) $\displaystyle\lim_{x \to \infty} \frac{2^{x+1} - 2^{-(x+1)}}{2^x + 2^{-x}}$
(8) $\displaystyle\lim_{x \to -\infty} \left(2x + \sqrt{4x^2 - 3x}\right)$
(9) $\displaystyle\lim_{x \to -\infty} \log_3(x^2 + x)$
(10) $\displaystyle\lim_{x \to 0} \frac{\sin 4x}{x}$
(11) $\displaystyle\lim_{x \to 0} \frac{\sin 2x}{\sin 3x}$
(12) $\displaystyle\lim_{x \to 0} \frac{\tan 2x}{x}$
(13) $\displaystyle\lim_{x \to \infty} \frac{\sin x}{x}$
(14) $\displaystyle\lim_{x \to 0} x \sin \frac{1}{x}$
(15) $\displaystyle\lim_{x \to \infty} \left(1 + \frac{1}{x^2}\right)^x$
(16) $\displaystyle\lim_{x \downarrow 1} x^{1/(x^2 - 1)}$

問題 1.6 次の関数が連続であるか調べよ．

(1) $f(x) = \displaystyle\lim_{n \to \infty} \frac{x^2}{1 + x^{2n}}$
(2) $f(x) = \displaystyle\lim_{n \to \infty} \frac{1 + x}{1 + x^{2n}}$
(3) $f(x) = \displaystyle\lim_{n \to \infty} \frac{x - 1}{1 + |x|^n}$
(4) $f(x) = \displaystyle\lim_{n \to \infty} \frac{x^{2n+1} + 1}{x^{2n+1} - x^{n+1} + x}$
(5) $f(x) = \displaystyle\sum_{n=0}^{\infty} \frac{x^2}{(1 + x^2)^n}$
(6) $f(x) = \displaystyle\sum_{n=0}^{\infty} \frac{x}{(1 + |x|)^n}$

問題 1.7 次の関係式を示せ．

(1) $2\arctan \dfrac{1}{2} - \arctan \dfrac{1}{7} = \dfrac{\pi}{4}$

(2) $\arctan \dfrac{1}{x+1} + \arctan \dfrac{x}{x+2} = \dfrac{\pi}{4} \ (x > 0)$

(3) $\arctan x + \arctan \dfrac{1}{x} = \dfrac{\pi}{2} \ (x > 0)$

問題 1.8（双曲線関数） $\sinh x = \dfrac{e^x - e^{-x}}{2}$, $\cosh x = \dfrac{e^x + e^{-x}}{2}$, $\tanh x = \dfrac{e^x - e^{-x}}{e^x + e^{-x}}$ とする．次の式を示せ．ただし，複号は同順とする．

(1) $\cosh^2 x - \sinh^2 x = 1$

(2) $1 - \tanh^2 x = \dfrac{1}{\cosh^2 x}$

(3) $\sinh(x \pm y) = \sinh x \cosh y \pm \cosh x \sinh y$

(4) $\cosh(x \pm y) = \cosh x \cosh y \pm \sinh x \sinh y$

(5) $\tanh(x \pm y) = \dfrac{\tanh x \pm \tanh y}{1 \pm \tanh x \tanh y}$

[B]

問題 1.9（上極限・下極限） 数列 $\{a_n\}$ に対して，$A_n = \sup\limits_{k \geq n} a_k$ とおくと，$\{A_n\}$ は単調減少になるので，$\{A_n\}$ が下に有界ならば $\lim\limits_{n \to \infty} A_n$ が存在する．この値を $\{a_n\}$ の**上極限**といい，

$$\limsup_{n \to \infty} a_n \;(\text{または } \overline{\lim_{n \to \infty}} a_n)$$

と書く．$\{A_n\}$ が下に有界でないときは $\limsup\limits_{n \to \infty} a_n = -\infty$ とする．同様に，$B_n = \inf\limits_{k \geq n} a_k$ の極限値で $\{a_n\}$ の**下極限**を定義し，

$$\liminf_{n \to \infty} a_n \;(\text{または } \underline{\lim_{n \to \infty}} a_n)$$

と書く．$\{B_n\}$ が上に有界でないときは $\liminf\limits_{n \to \infty} a_n = \infty$ とする．$\{a_n\}$ が上に有界でないときは，$\limsup\limits_{n \to \infty} a_n = \infty$ である．また，下に有界でないときは，$\liminf\limits_{n \to \infty} a_n = -\infty$ である．

問題 1.2 の数列 $\{a_n\}$ に対して，$\limsup\limits_{n \to \infty} a_n$ と $\liminf\limits_{n \to \infty} a_n$ を求めよ．

問題 1.10 $\limsup\limits_{n \to \infty} a_n = \liminf\limits_{n \to \infty} a_n = \alpha$ ならば，$\lim\limits_{n \to \infty} a_n$ が存在して，その値が α であることを示せ．

問題 1.11 曲線 C を $y = x^2 - 2$ とする．C 上の点 $A_0(2, 2)$ における接線と x 軸の交点を $B_1(b_1, 0)$ とし，C 上の点 $A_1(b_1, b_1^2 - 2)$ における接線と x 軸の交点を $B_2(b_2, 0)$ とする．これをくりかえし，C 上の点 $A_n(b_n, b_n^2 - 2)$ における接線と x 軸の交点を $B_{n+1}(b_{n+1}, 0)$ とする．

(1) b_1 を求めよ.
(2) $\{b_n\}$ の満たす漸化式を求めよ.
(3) $\{b_n\}$ が収束することを示し，$\displaystyle\lim_{n\to\infty} b_n$ を求めよ.

問題 1.12 $a_n = \displaystyle\sum_{k=1}^{n} \frac{1}{k} - \log n$ とする.
(1) 次の図を参考にして，$a_n > 0$ を示せ.
(2) 次の図を参考にして，$\{a_n\}$ が単調減少であることを示せ.

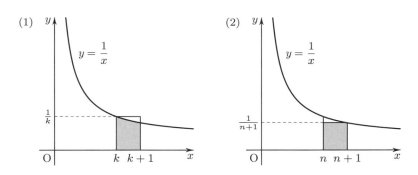

問題 1.13 写像 $f : X \to Y$, $g : Y \to Z$ において，$f(x) = y$, $g(y) = z$ のとき，$(g \circ f)(x) = z$ と定める.
(1) $g \circ f$ が単射ならば，f も単射であることを示せ.
(2) $g \circ f$ が全射ならば，g も全射であることを示せ.

問題 1.14 $f(a) = \alpha$ のとき，$\displaystyle\lim_{x\to a} f(x) = \alpha$, $\displaystyle\lim_{y\to \alpha} g(y) = \beta$ であっても，$\displaystyle\lim_{x\to a} g(f(x)) \neq \beta$ となる例をあげよ.

問題 1.15 $f : [0,1] \to [0,1]$ が連続関数ならば，$f(c) = c$ となる $c \in [0,1]$ が存在することを証明せよ.

2
微 分 法

微分がグラフの接線の傾きを表していることはことはよく知っていることであろう．ここでは，微分に関する理論的な性質について解説する．

2.1 微　分

関数 $f(x)$ が $x=a$ で連続とは，「$a \fallingdotseq a+h \Longrightarrow f(a) \fallingdotseq f(a+h)$」つまり，「$h \fallingdotseq 0 \Longrightarrow f(a+h) - f(a) \fallingdotseq 0$」という意味であった．$h \to 0$ でこれらの比が存在するときを考える．比 $\dfrac{f(a+h) - f(a)}{h}$ は a から $a+h$ の間の平均変化率を表しているので，$h \to 0$ のときの極限値は，$x=a$ における $f(x)$ の瞬間の変化率，つまり，グラフ $y=f(x)$ の点 $(a, f(a))$ における接線の傾きになる．

定義 2.1　関数 $f(x)$ が $x=a$ で**微分可能**とは

$$\lim_{h \to 0} \frac{f(a+h) - f(a)}{h}$$

が存在するときをいう．この極限値を**微分係数**といい，$f'(a)$ または $\dfrac{df}{dx}(a)$ と書く．

$$\lim_{h \downarrow 0} \frac{f(a+h) - f(a)}{h}$$

が存在するとき，**右側微分可能**といい，この値を**右側微分係数**という．また，

$$\lim_{h \uparrow 0} \frac{f(a+h) - f(a)}{h}$$

が存在するとき，**左側微分可能**といい，この値を**左側微分係数**という．

$a + h = x$ とおくことによって，微分係数は

$$f'(a) = \lim_{x \to a} \frac{f(x) - f(a)}{x - a} \tag{2.1}$$

とも書ける．

定理 1.19 とは異なり，「右側微分可能かつ左側微分可能ならば微分可能」は成り立たない．例えば，$f(x) = |x|$ は $x = 0$ で右側微分可能かつ左側微分可能であるが，$x = 0$ で微分可能ではない．(1.2) と (2.1) はパラレルではないことに注意せよ．

定理 2.1 関数 $f(x)$ が $x = a$ で右側微分可能かつ左側微分可能かつ，$x = a$ における右側微分係数と左側微分係数の値が同じならば，$f(x)$ は $x = a$ で微分可能である．

《証明》 $\lim_{h \downarrow 0} \dfrac{f(a+h) - f(a)}{h} = \lim_{h \uparrow 0} \dfrac{f(a+h) - f(a)}{h}$ であることから，$\lim_{h \to 0} \dfrac{f(a+h) - f(a)}{h}$ が存在することになるので，微分可能である．■

定理 2.2 関数 $f(x)$ が $x = a$ で微分可能ならば，$f(x)$ は $x = a$ で連続である．

《証明》 $\lim_{h \to 0} \dfrac{f(a+h) - f(a)}{h}$ が存在することから，$\lim_{h \to 0}(f(a+h) - f(a)) = 0$ となる．よって，連続である．■

定理 2.2 の逆は成り立たない．例えば，$f(x) = |x|$ は $x = 0$ で連続であるが，微分可能ではない．なお，この例は 1 点のみで微分不可能であるが，いたるところ微分不可能な連続関数も存在することが知られている．

関数 $f(x)$ が区間 I のすべての点で微分可能のとき，$f(x)$ は**区間 I で微分可能**という．I が閉区間のときは，端点では，右側微分可能または左側微分可能で置き換える．このとき，$f'(x)$ は I で定義された関数になる．この $f'(x)$ を $f(x)$ の**導関数**という．

2.1 微分

例 2.1 $f(x) = x^n$ に対して導関数を求めると

$$\begin{aligned}
(x^n)' &= \lim_{h \to 0} \frac{(x+h)^n - x^n}{h} \\
&= \lim_{h \to 0} \frac{\sum_{k=0}^{n} \binom{n}{k} x^{n-k} h^k - x^n}{h} \\
&= \lim_{h \to 0} \frac{\sum_{k=1}^{n} \binom{n}{k} x^{n-k} h^k}{h} \\
&= \lim_{h \to 0} \sum_{k=1}^{n} \binom{n}{k} x^{n-k} h^{k-1} \\
&= \binom{n}{1} x^{n-1} = n x^{n-1}
\end{aligned}$$

例 2.2 $f(x) = \sin x$ に対して導関数を求めると

$$\begin{aligned}
(\sin x)' &= \lim_{h \to 0} \frac{\sin(x+h) - \sin x}{h} \\
&= \lim_{h \to 0} \frac{2 \cos(x + \frac{h}{2}) \sin \frac{h}{2}}{h} \\
&= \lim_{h \to 0} \frac{\sin \frac{h}{2}}{\frac{h}{2}} \cos\left(x + \frac{h}{2}\right) \\
&= \cos x
\end{aligned}$$

例 2.3 $f(x) = \cos x$ に対して導関数を求めると

$$\begin{aligned}
(\cos x)' &= \lim_{h \to 0} \frac{\cos(x+h) - \cos x}{h} \\
&= \lim_{h \to 0} \frac{-2 \sin(x + \frac{h}{2}) \sin \frac{h}{2}}{h} \\
&= - \lim_{h \to 0} \frac{\sin \frac{h}{2}}{\frac{h}{2}} \sin\left(x + \frac{h}{2}\right) \\
&= - \sin x
\end{aligned}$$

例 2.4 $f(x) = e^x$ に対して導関数を求めると

$$(e^x)' = \lim_{h \to 0} \frac{e^{x+h} - e^x}{h} = e^x \lim_{h \to 0} \frac{e^h - 1}{h} = e^x \quad (\because \text{問題 1.5 (3)})$$

定理 2.3 関数 $f(x), g(x)$ が $x = a$ で微分可能ならば,

(1) $pf(x) + qg(x)$ も $x = a$ で微分可能であり,
$$(pf(x) + qg(x))' = pf'(x) + qg'(x)$$

(2) $f(x)g(x)$ も $x = a$ で微分可能であり,
$$(f(x)g(x))' = f'(x)g(x) + f(x)g'(x)$$

(3) $\dfrac{f(x)}{g(x)}$ も $x = a$ で微分可能であり,
$$\left(\frac{f(x)}{g(x)}\right)' = \frac{f'(x)g(x) - f(x)g'(x)}{(g(x))^2}$$

ただし,p, q は定数とし,(3) においては $g(a) \neq 0$ とする.

《証明》 (1) は定理 1.18 からすぐわかる.

(2) は
$$\lim_{h \to 0} \frac{f(a+h)g(a+h) - f(a)g(a)}{h}$$
$$= \lim_{h \to 0} \frac{(f(a+h) - f(a))g(a+h) + f(a)(g(a+h) - g(a))}{h}$$
$$= \lim_{h \to 0} \left(\frac{f(a+h) - f(a)}{h} g(a+h) + f(a) \frac{g(a+h) - g(a)}{h}\right)$$
$$= f'(a)g(a) + f(a)g'(a)$$

(3) は
$$\lim_{h \to 0} \frac{\frac{1}{g(a+h)} - \frac{1}{g(a)}}{h} = \lim_{h \to 0} \frac{g(a) - g(a+h)}{h g(a+h) g(a)} = -\frac{g'(a)}{g(a)^2}$$

から,
$$\left(\frac{1}{g(x)}\right)' = -\frac{g'(x)}{(g(x))^2}$$

がわかるので,(2) の結果を用いて,
$$\left(\frac{f(x)}{g(x)}\right)' = f'(x)\left(\frac{1}{g(x)}\right) + f(x)\left(\frac{1}{g(x)}\right)'$$
$$= \frac{f'(x)}{g(x)} - \frac{f(x)g'(x)}{(g(x))^2} = \frac{f'(x)g(x) - f(x)g'(x)}{(g(x))^2}$$

2.1 微分

例 2.5 $f(x) = \tan x$ に対して，定理 2.3 (3) を使って導関数を求めると

$$(\tan x)' = \left(\frac{\sin x}{\cos x}\right)' = \frac{\cos^2 x + \sin^2 x}{\cos^2 x} = \frac{1}{\cos^2 x}$$

例 2.6 関数 f, g, h が微分可能のとき，

$$\begin{aligned}(fgh)' &= (fg)'h + (fg)h' \\ &= (f'g + fg')h + fgh' \\ &= f'gh + fg'h + fgh'\end{aligned}$$

一般に，

$$(f_1 f_2 \cdots f_n)' = \sum_{i=1}^{n} f_1 \cdots f_i' \cdots f_n$$

が成り立つ．

定理 2.4 (合成関数の微分) 関数 $f(x), g(y)$ が微分可能のとき，

$$(g(f(x)))' = g'(f(x))f'(x)$$

$y = f(x), z = g(y) = g(f(x))$ とすると

$$\frac{dz}{dx} = \frac{dz}{dy}\frac{dy}{dx}$$

《証明》 $g(y)$ が y で微分可能のとき，

$$\frac{g(y+k) - g(y)}{k} - g'(y) = \epsilon_1(k)$$

とおくと，$\epsilon_1(k) \to 0 \ (k \to 0)$ である．同様に，$f(x)$ が x で微分可能のとき，

$$\frac{f(x+h) - f(x)}{h} - f'(x) = \epsilon_2(h)$$

とおくと，$\epsilon_2(h) \to 0 \ (h \to 0)$ である．

$y = f(x), k = f(x+h) - f(x)$ とすると，$h \to 0$ のとき $k \to 0$ であるから，

$$\begin{aligned}\frac{g(f(x+h)) - g(f(x))}{h} &= \frac{g(y+k) - g(y)}{h} = \frac{k(g'(y) + \epsilon_1(k))}{h} \\ &= \frac{(hf'(x) + h\epsilon_2(h))(g'(y) + \epsilon_1(k))}{h}\end{aligned}$$

$$= (f'(x) + \epsilon_2(h))(g'(y) + \epsilon_1(k))$$
$$\to f'(x)g'(y) = g'(f(x))f'(x) \quad (h \to 0) \quad \blacksquare$$

定理 2.5 (逆関数の微分) 関数 $f(x)$ は微分可能で, $f'(x) > 0$ とする. このとき, 逆関数 $f^{-1}(x)$ は微分可能で,
$$(f^{-1}(x))' = \frac{1}{f'(f^{-1}(x))}$$
$y = f^{-1}(x), x = f(y)$ とすると,
$$\frac{dy}{dx} = \frac{1}{\frac{dx}{dy}}$$

《証明》 $y = f^{-1}(x), f(y+k) = x+h$ とおくと $y+k = f^{-1}(x+h)$ であり, $h \to 0$ のとき $k \to 0$ であるから
$$\frac{f^{-1}(x+h) - f^{-1}(x)}{h} = \frac{k}{f(y+k) - f(y)}$$
$$\to \frac{1}{f'(y)} = \frac{1}{f'(f^{-1}(x))} \quad (h \to 0) \quad \blacksquare$$

例 2.7 $f(x) = \log x$ に対して, $y = \log x$ とおくと, $x = e^y$ であり,
$$(\log x)' = \frac{dy}{dx} = \frac{1}{\frac{dx}{dy}} = \frac{1}{e^y} = \frac{1}{x}$$

例 2.8 $f(x) = \arcsin x$ に対して, $y = \arcsin x$ とおくと, $x = \sin y$ であり,
$$f'(x) = \frac{dy}{dx} = \frac{1}{\frac{dx}{dy}} = \frac{1}{\cos y}$$
$-\frac{\pi}{2} < y < \frac{\pi}{2}$ のとき, $\cos y > 0$ である. よって, $-1 < x < 1$ のとき
$$(\arcsin x)' = \frac{1}{\sqrt{1 - \sin^2 y}} = \frac{1}{\sqrt{1 - x^2}}$$

例 2.9 $f(x) = \arccos x$ に対して, $y = \arccos x$ とおくと, $x = \cos y$ であり,

$$f'(x) = \frac{dy}{dx} = \frac{1}{\frac{dx}{dy}} = \frac{1}{-\sin y}$$

$0 < y < \pi$ のとき，$\sin y > 0$ である．よって，$-1 < x < 1$ のとき

$$(\arccos x)' = \frac{1}{-\sqrt{1-\cos^2 y}} = -\frac{1}{\sqrt{1-x^2}}$$

例 2.10 $f(x) = \arctan x$ に対して，$y = \arctan x$ とおくと，$x = \tan y$ であり，

$$(\arctan x)' = \frac{dy}{dx} = \frac{1}{\frac{dx}{dy}} = \frac{1}{\frac{1}{\cos^2 y}} = \frac{1}{1+\tan^2 y} = \frac{1}{1+x^2}$$

例題 2.1 (対数微分法) $f(x) = x^x \ (x > 0)$ を微分せよ．

《解》 両辺の自然対数をとり，$\log f(x) = x \log x$ の両辺を微分すると，

$$\frac{f'(x)}{f(x)} = \log x + 1$$

よって，

$$f'(x) = f(x)(\log x + 1) = x^x(\log x + 1) \qquad \Box$$

2.2 高次導関数

関数 $f(x)$ の導関数 $f'(x)$ が微分可能のとき，**2 回微分可能**といい，その導関数 $\frac{d}{dx}f'(x) = f''(x)$ を $f(x)$ の **2 階導関数**という．2 階導関数がさらに微分可能ならば，**3 回微分可能**といい，その導関数 $\frac{d}{dx}f''(x) = f'''(x)$ を $f(x)$ の **3 階導関数**という．同様にして，n 回微分可能のとき n **階導関数**を定め，

$$\frac{d}{dx}f^{\overbrace{''\cdots'}^{n-1}}(x) = f^{\overbrace{''\cdots'}^{n}}(x) = f^{(n)}(x)$$

と書く．$f^{(n)}(x) = \frac{d^n}{dx^n}f(x)$ である．$f^{(0)}(x) = f(x)$ としておく．

定義 2.2 関数 $f(x)$ が n 回微分可能で $f^{(n)}(x)$ が連続のとき，$f(x)$ は **n 回連続微分可能**または **C^n 級**の関数という．特に，C^1 級の関数を単に**連続微分可能**という．連続関数は C^0 級の関数といえる．

定義域内で何回でも微分できるとき，$f(x)$ は**無限回微分可能**または **C^∞ 級**の関数という．

例 2.11 x^n, a^x $(a>0)$, $\sin x$, $\cos x$, $\tan x$, $\log x$ はすべて C^∞ 級の関数である．

例 2.12 $f(x) = \begin{cases} x^2, & x \geq 0 \\ -x^2, & x < 0 \end{cases}$ は C^1 級であるが，$x=0$ で 2 回微分可能ではない．

例 2.13 $f(x) = \begin{cases} x^2 \sin \dfrac{1}{x}, & x \neq 0 \\ 0, & x = 0 \end{cases}$ は微分可能であるが，C^1 級ではない．（問題 2.3）

定理 2.6 (ライプニッツの法則) $f(x), g(x)$ を C^n 級の関数とすると，$f(x)g(x)$ も C^n 級で

$$(f(x)g(x))^{(n)} = \sum_{j=0}^{n} \binom{n}{j} f^{(n-j)}(x) g^{(j)}(x)$$

問 4 定理 2.6 の証明は，積の微分（定理 2.3 (2)）と数学的帰納法を用いることでできる．証明を完成させよ．

例 2.14 (1) $(fg)''' = f'''g + 3f''g' + 3f'g'' + fg'''$

(2) $(x^2 e^x)^{(4)} = x^2 (e^x)^{(4)} + \binom{4}{1}(x^2)'(e^x)''' + \binom{4}{2}(x^2)''(e^x)''$
$= (x^2 + 8x + 12)e^x$

2.3 微分に関する諸定理

定理 2.7 (ロルの定理) 関数 $f(x)$ は閉区間 $[a,b]$ で連続,開区間 (a,b) で微分可能とする.$f(a) = f(b)$ ならば,$f'(c) = 0$ となる $c \in (a,b)$ が存在する.

《証明》 $f(x)$ が定数関数ならばすべての $c \in (a,b)$ で $f'(c) = 0$ なので,定数関数でないときを考える.このとき,定理 1.23 により,$f(x)$ は区間 (a,b) で最大値または最小値をとる.例えば $x = c$ で最大値をとるとすると $f(c+h) - f(c) < 0$ なので,$h > 0$ のとき,

$$\frac{f(c+h) - f(c)}{h} \leq 0$$

となり,$h < 0$ のとき,

$$\frac{f(c+h) - f(c)}{h} \geq 0$$

となる.$x = c$ でも微分可能であることから,

$$f'(c) = \lim_{h \downarrow 0} \frac{f(c+h) - f(c)}{h} = \lim_{h \uparrow 0} \frac{f(c+h) - f(c)}{h} = 0$$

$x = c$ で最小値をとるとしても同様. ∎

定理 2.8 (平均値の定理) 関数 $f(x)$ は閉区間 $[a,b]$ で連続,開区間 (a,b) で微分可能とすると,

$$\frac{f(b) - f(a)}{b - a} = f'(c)$$

となる $c \in (a,b)$ が存在する.

《証明》
$$F(x) = f(x) - f(a) - \frac{f(b) - f(a)}{b - a}(x - a)$$

とおく.$F(x)$ は $[a,b]$ で連続,(a,b) で微分可能であり,

$$F'(x) = f'(x) - \frac{f(b) - f(a)}{b - a}$$

である.

$F(a) = F(b) = 0$ から,ロルの定理 (定理 2.7) により,

$$F'(c) = f'(c) - \frac{f(b) - f(a)}{b - a} = 0$$

となる $c \in (a, b)$ が存在する. ∎

定理 2.9 (コーシーの平均値の定理) 関数 $f(x), g(x)$ は閉区間 $[a, b]$ で連続,開区間 (a, b) で微分可能とすると,$x \in (a, b)$ で $g'(x) \neq 0$ のとき,

$$\frac{f(b) - f(a)}{g(b) - g(a)} = \frac{f'(c)}{g'(c)}$$

となる $c \in (a, b)$ が存在する.

問 5 $F(x) = f(x) - f(a) - \dfrac{f(b) - f(a)}{g(b) - g(a)}(g(x) - g(a))$ を考えて,定理 2.9 を証明せよ.

定理 2.10 (ロピタルの定理) 関数 $f(x), g(x)$ は a を含む開区間で微分可能とする.$\lim_{x \to a} f(x) = \lim_{x \to a} g(x) = 0$ で,$\lim_{x \to a} \dfrac{f'(x)}{g'(x)}$ が存在するならば,

$$\lim_{x \to a} \frac{f(x)}{g(x)} = \lim_{x \to a} \frac{f'(x)}{g'(x)} \tag{2.2}$$

《証明》 コーシーの平均値の定理 (定理 2.9) により,

$$\frac{f(x) - f(a)}{g(x) - g(a)} = \frac{f'(c)}{g'(c)}$$

を満たす c が a と x の間に存在する.

また,$\lim_{x \to a} f(x) = \lim_{x \to a} g(x) = 0$ で,$f(x), g(x)$ は連続なので,$f(a) = g(a) = 0$. よって,

$$\frac{f(x)}{g(x)} = \frac{f'(c)}{g'(c)}$$

2.3 微分に関する諸定理

この両辺の $x \to a$ の極限をとると，$c \to a$ となるので，

$$\lim_{x \to a} \frac{f(x)}{g(x)} = \lim_{c \to a} \frac{f'(c)}{g'(c)}$$
∎

これは $\dfrac{0}{0}$ 型の不定形に対するロピタルの定理であるが，$\lim\limits_{x \to a} f(x) = \lim\limits_{x \to a} g(x) = \infty$ の $\dfrac{\infty}{\infty}$ 型の不定形に対しても，(2.2) が成り立つ (証明略)．

不定形には，このほかにも「$0 \times \infty$ 型」「$\infty - \infty$ 型」「0^0 型」「1^∞ 型」「∞^0 型」があるが，いずれも適当な変形によって，$\dfrac{0}{0}$ 型や $\dfrac{\infty}{\infty}$ 型に帰着できる．

不定形	$\lim\limits_{x \to a} f(x)$	$\lim\limits_{x \to a} g(x)$		$\dfrac{0}{0}$	$\dfrac{\infty}{\infty}$
$0 \times \infty$	0	∞	$f(x)g(x)$	$= \dfrac{f(x)}{\frac{1}{g(x)}}$	$= \dfrac{g(x)}{\frac{1}{f(x)}}$
$\infty - \infty$	∞	∞	$f(x) - g(x)$	$= \dfrac{\frac{1}{g(x)} - \frac{1}{f(x)}}{\frac{1}{f(x)g(x)}}$	$= \log \dfrac{e^{f(x)}}{e^{g(x)}}$
0^0	0	0	$\log f(x)^{g(x)}$	$= \dfrac{g(x)}{\frac{1}{\log f(x)}}$	$= \dfrac{\log f(x)}{\frac{1}{g(x)}}$
1^∞	1	∞	$\log f(x)^{g(x)}$	$= \dfrac{\log f(x)}{\frac{1}{g(x)}}$	$= \dfrac{g(x)}{\frac{1}{\log f(x)}}$
∞^0	∞	0	$\log f(x)^{g(x)}$	$= \dfrac{g(x)}{\frac{1}{\log f(x)}}$	$= \dfrac{\log f(x)}{\frac{1}{g(x)}}$

例題 2.2 ($0 \times \infty$ 型の不定形) $\lim\limits_{x \downarrow 0} x \log x$ を求めよ．

《解》 $\lim\limits_{x \downarrow 0} x \log x = \lim\limits_{x \downarrow 0} \dfrac{\log x}{\frac{1}{x}} = \lim\limits_{x \downarrow 0} \dfrac{\frac{1}{x}}{-\frac{1}{x^2}} = -\lim\limits_{x \downarrow 0} x = 0$ □

例題 2.3 (∞^0 型の不定形) $\lim\limits_{x \to \infty} x^{1/x}$ を求めよ．

《解》 $\log \lim_{x\to\infty} x^{1/x} = \lim_{x\to\infty} \frac{\log x}{x} = \lim_{x\to\infty} \frac{\frac{1}{x}}{1} = 0$ より, $\lim_{x\to\infty} x^{1/x} = 1$. □

例 2.15 $\lim_{x\downarrow 0} \frac{\log x}{x}$ にロピタルの定理を適用して, $\lim_{x\downarrow 0} \frac{\log x}{x} = \lim_{x\downarrow 0} \frac{\frac{1}{x}}{1} = \infty$ とするのは間違いである. $\lim_{x\downarrow 0} \frac{\log x}{x}$ は『$\frac{\infty}{0}$型』なので, 不定形ではない. 正しくは

$$\lim_{x\downarrow 0} \frac{\log x}{x} = -\infty$$

である.

問 6 $\lim_{x\to\infty} \frac{2x + \sin x}{x + \sin x} = \lim_{x\to\infty} \frac{2 + \cos x}{1 + \cos x} = \lim_{x\to\infty} \frac{-\sin x}{-\sin x} = 1$ は間違いである. 正しい極限値を求めよ.

定理 2.11 (テイラーの定理 I) 関数 $f(x)$ を C^n 級とする. このとき,
$$f(b) = \sum_{j=0}^{n-1} \frac{f^{(j)}(a)}{j!}(b-a)^j + R_n \tag{2.3}$$
$$R_n = \frac{f^{(n)}(c)}{n!}(b-a)^n$$
となる $c \in (a, b)$ が存在する.

《証明》
$$F(x) = f(b) - \sum_{j=0}^{n-1} \frac{f^{(j)}(x)}{j!}(b-x)^j$$
$$G(x) = (b-x)^n$$

とおくと,

$$F(b) = 0$$
$$F(a) = f(b) - \sum_{j=0}^{n-1} \frac{f^{(j)}(a)}{j!}(b-a)^j$$
$$F'(x) = -\sum_{j=0}^{n-1} \frac{f^{(j+1)}(x)}{j!}(b-x)^j + \sum_{j=1}^{n-1} \frac{f^{(j)}(x)}{(j-1)!}(b-x)^{j-1}$$
$$= -\frac{f^{(n)}(x)}{(n-1)!}(b-x)^{n-1}$$

2.3 微分に関する諸定理

$$G(b) = 0$$
$$G(a) = (b-a)^n$$
$$G'(x) = -n(b-x)^{n-1}$$

であるから，コーシーの平均値の定理 (定理 2.9) を適用すると，$\dfrac{F(b) - F(a)}{G(b) - G(a)} = \dfrac{F'(c)}{G'(c)}$，すなわち

$$\frac{-f(b) + \sum_{j=0}^{n-1} \frac{f^{(j)}(a)}{j!}(b-a)^j}{-(b-a)^n} = \frac{-\frac{f^{(n)}(c)}{(n-1)!}(b-c)^{n-1}}{-n(b-c)^{n-1}}$$

を満たす $c \in (a, b)$ が存在する．これを整理すればよい． ■

定理 2.11 において $b = a + h, c = a + \theta h$ とおくと，次のようになる．

定理 2.12 (テイラーの定理 II) 関数 $f(x)$ を C^n 級とする．このとき，

$$f(a+h) = \sum_{j=0}^{n-1} \frac{f^{(j)}(a)}{j!} h^j + R_n \tag{2.4}$$

$$R_n = \frac{f^{(n)}(a + \theta h)}{n!} h^n$$

となる θ $(0 < \theta < 1)$ が存在する．

さらに，$a = 0, h = x$ とおくと，次のようになる．

定理 2.13 (マクローリンの定理) 関数 $f(x)$ を C^n 級とする．このとき，

$$f(x) = \sum_{j=0}^{n-1} \frac{f^{(j)}(0)}{j!} x^j + R_n \tag{2.5}$$

$$R_n = \frac{f^{(n)}(\theta x)}{n!} x^n$$

となる θ $(0 < \theta < 1)$ が存在する．

定理 2.11, 定理 2.12, 定理 2.13 における R_n を**剰余項**という. つまり, $\sum_{j=0}^{n-1}\dfrac{f^{(j)}(a)}{j!}x^j$ の部分が主要部分で, R_n が『余り』ということである. この主要部分が x の多項式で表されており, その係数が $f(x)$ の微分で決まっていることに注目してほしい. つまり, $x=a$ の近くの情報だけで $f(x)$ の主要部分が決まっているのである. 「$R_n \to 0$ のとき, $x=a$ の近くの情報だけで $f(x)$ 全体が決まってしまう」ということを, 2.5 節で説明する.

2.4 極 値

定義 2.3 (極値) 関数 $f(x)$ が $x=c$ で**極大**とは, c を含むある開区間 I のすべての x ($\neq c$) で $f(c) > f(x)$ となることである. このときの値 $f(c)$ を**極大値**という. また, $x=c$ で**極小**とは, c を含むある開区間 I のすべての x ($\neq c$) で $f(c) < f(x)$ となることである. このときの値 $f(c)$ を**極小値**という. 極大値と極小値を総称して, **極値**という.

> **定理 2.14** 関数 $f(x)$ は区間 I で微分可能とする.
> (1) すべての $x \in I$ で $f'(x) > 0$ ならば, $f(x)$ は I で狭義単調増加である. また, すべての $x \in I$ で $f'(x) < 0$ ならば, 狭義単調減少である.
> (2) $f(x)$ が $x=a$ で極値をもつならば, $f'(a)=0$ である.

《証明》 (1) $x_1, x_2 \in I$ ($x_1 < x_2$) に対して, 平均値の定理を適用すると,
$$\frac{f(x_2)-f(x_1)}{x_2-x_1} = f'(c)$$
となる $c \in (x_1, x_2)$ が存在する. すべての $x \in I$ で $f'(x) > 0$ のとき, もちろん $f'(c) > 0$ だから
$$\frac{f(x_2)-f(x_1)}{x_2-x_1} > 0$$
よって, $f(x_2) > f(x_1)$ となり, $f(x)$ は I で狭義単調増加である. ∎

問 7 定理 2.7 の証明を参考にして, 定理 2.14 (2) を証明せよ.

2.4 極値

定理 2.14 の逆は成り立たない．例えば，$f(x) = x^3$ は，$\mathbb{R}$ で狭義単調増加であるが $f'(0) = 0$ であるし，$f'(0) = 0$ であるが $x = 0$ で極大でも極小でもない．

例題 2.4 関数 $f(x) = x^4 - 4x^3$ の極値を調べよ．

《解》 $f'(x) = 4x^3 - 12x^2 = 0$ とおくと，$x = 0, 3$ である．増減表は

x	$\cdots$	0	$\cdots$	3	$\cdots$
f'	$-$	0	$-$	0	$+$
f	$\searrow$	0	$\searrow$	-27	$\nearrow$

となるので，$f(x)$ は極小値 $f(3) = -27$ をもつ． □

極値を調べるには，定理 2.14 を利用して上のように増減表を書くのが確実であるが，次のように，2 階微分を用いて極値を調べることもできる．

定理 2.15 関数 $f(x)$ を C^2 級とし，$f'(a) = 0$ とする．
 (i) $f''(a) > 0$ ならば，$f(x)$ は $x = a$ で極小値 $f(a)$ をとる．
 (ii) $f''(a) < 0$ ならば，$f(x)$ は $x = a$ で極大値 $f(a)$ をとる．
 (iii) $f''(a) = 0$ のときは，これだけでは判断できない．（極大の場合も極小の場合も極値をとらない場合もある．）

《証明》 (i) 定理 2.12 の $n = 2$ のときを書くと，$f'(a) = 0$ より

$$f(a+h) = f(a) + R_2, \quad R_2 = \frac{f''(a+\theta h)}{2}h^2$$

となるが，$f''(a) > 0$ ならば，$|h|$ を小さくとれば，$f''(x)$ が連続であることから $f''(a + \theta h) > 0$ とできる．つまり，$R_2 > 0$ となるので，$f(a+h) > f(a)$ がわかる．よって，$f(a)$ は極小値である．

(ii) $f''(a) < 0$ ならば，$|h|$ が小さいとき $R_2 < 0$ となるので，同様にして，$f(a)$ は極大値である． ■

2.5 テイラー展開

定義 2.4 (ランダウの記号) 関数 $f(x)$ が

$$\lim_{x \to 0} \frac{f(x)}{x^n} = 0$$

を満たすとき,

$$f(x) = o(x^n) \quad (x \to 0)$$

と書く.

例 2.16 (1) $\dfrac{\sin x}{x} \to 1 \ (x \to 0)$ より $\dfrac{\sin x - x}{x} \to 0 \ (x \to 0)$ となるから, $\sin x - x = o(x) \ (x \to 0)$, よって $\sin x = x + o(x) \ (x \to 0)$ である.

(2) $a + bx + cx^2 + dx^3 = a + bx + cx^2 + o(x^2) = a + bx + o(x) \ (x \to 0)$ である. 多項式に対しては, $o(x^n)$ は「n 次より大きい項」といえる. ゆえに, $x^3 = o(x^2)$ であり, $x^3 = o(x)$ でもある.

(3) 一般に, $o(x^m) o(x^n) = o(x^{m+n}) \ (x \to 0)$ であり, $m \geq n \geq 0$ ならば $o(x^m) \pm o(x^n) = o(x^n) \ (x \to 0)$ である.

(4) $m > n \geq 0$ のとき, $o(x^m) = o(x^n)$ であるが $o(x^n) = o(x^m)$ ではない. $o(x^m) - o(x^m) = 0$ ではなくて, $o(x^m) - o(x^m) = o(x^m)$ である.

定理 2.16 (テイラーの定理 III) 関数 $f(x)$ を C^n 級とする. (2.4) において,

$$R_n = \frac{f^{(n)}(a)}{n!} h^n + o(h^n) \quad (h \to 0)$$

である. よって,

$$f(a + h) = \sum_{j=0}^{n} \frac{f^{(j)}(a)}{j!} h^j + o(h^n) \quad (h \to 0) \tag{2.6}$$

となる.

《証明》 $f(x)$ が C^n 級であることから, $f^{(n)}(x)$ は連続なので,

$$\frac{R_n - \dfrac{f^{(n)}(a)}{n!} h^n}{h^n} = \frac{\dfrac{f^{(n)}(a + \theta h)}{n!} h^n - \dfrac{f^{(n)}(a)}{n!} h^n}{h^n}$$

2.5 テイラー展開

$$= \frac{1}{n!}(f^{(n)}(a+\theta h) - f^{(n)}(a)) \to 0 \quad (h \to 0)$$

したがって，$R_n = \dfrac{f^{(n)}(a)}{n!}h^n + o(h^n) \ (h \to 0)$ となり，この式と (2.4) から (2.6) が得られる． ∎

関数 $f(x)$ が C^∞ 級ならば，すべての n で (2.6) が成り立つ．さらに，(2.4) において，剰余項が

$$\lim_{n \to \infty} R_n = 0$$

を満たすならば，定義 1.4 により

$$f(a+h) = \sum_{n=0}^{\infty} \frac{f^{(n)}(a)}{n!} h^n$$

となる．これを $f(x)$ の $x=a$ を中心とする**テイラー級数**といい，テイラー級数を求めることを**テイラー展開**という．

$a = 0, h = x$ とおくと，定理 2.13 に対応して，

$$f(x) = \sum_{j=0}^{n} \frac{f^{(j)}(0)}{j!} x^j + o(x^n) \quad (x \to 0) \tag{2.7}$$

となり，さらに，(2.5) において，$\displaystyle\lim_{n \to \infty} R_n = 0$ ならば，

$$f(x) = \sum_{n=0}^{\infty} a_n x^n \qquad \left(a_n = \frac{f^{(n)}(0)}{n!}\right)$$

となる．これは $f(x)$ の $x=0$ を中心とするテイラー級数であるが，これを $f(x)$ の**マクローリン級数**といい，マクローリン級数を求めることを**マクローリン展開**という．

例 2.17 $f(x) = e^x$ は，すべての n で $f^{(n)}(x) = e^x$ なので，$f^{(n)}(0) = 1$ である．よって，

$$e^x = 1 + x + \frac{1}{2!}x^2 + \frac{1}{3!}x^3 + \frac{1}{4!}x^4 + \cdots + R_n$$

$$R_n = \frac{e^{\theta x}}{n!}x^n$$

となる．ここで，$\lim_{n\to\infty} \dfrac{x^n}{n!} = 0$（例題 1.1）により，$\lim_{n\to\infty} R_n = 0$ なので，

$$e^x = 1 + x + \frac{1}{2!}x^2 + \frac{1}{3!}x^3 + \frac{1}{4!}x^4 + \cdots = \sum_{n=0}^{\infty} \frac{1}{n!}x^n$$

とマクローリン展開できる．

例 2.18 $f(x) = \sin x$ は，

$$f'(x) = \cos x, \quad f''(x) = -\sin x, \quad f'''(x) = -\cos x, \quad f''''(x) = \sin x$$

$$f'(0) = 1, \qquad f''(0) = 0, \qquad f'''(0) = -1, \qquad f''''(0) = 0$$

と 4 つ周期で循環している．よって，

$$\sin x = x - \frac{1}{3!}x^3 + \frac{1}{5!}x^5 - \frac{1}{7!}x^7 + \cdots + R_n$$

$$R_n = \begin{cases} (-1)^m \dfrac{\cos\theta x}{n!} x^n, & n = 2m+1 \text{ のとき} \\ (-1)^m \dfrac{\sin\theta x}{n!} x^n, & n = 2m \text{ のとき} \end{cases} \quad (m = 0, 1, 2, \ldots)$$

となる．やはり，例題 1.1 により，$\lim_{n\to\infty} R_n = 0$ なので，

$$\sin x = x - \frac{1}{3!}x^3 + \frac{1}{5!}x^5 - \frac{1}{7!}x^7 + \cdots = \sum_{n=0}^{\infty} \frac{(-1)^n}{(2n+1)!} x^{2n+1}$$

とマクローリン展開できる．

例 2.19 $f(x) = \cos x$ も

$$f'(x) = -\sin x, \quad f''(x) = -\cos x, \quad f'''(x) = \sin x, \quad f''''(x) = \cos x$$

$$f'(0) = 0, \qquad f''(0) = -1, \qquad f'''(0) = 0, \qquad f''''(0) = 1$$

と 4 つ周期で循環している．よって，

$$\cos x = 1 - \frac{1}{2!}x^2 + \frac{1}{4!}x^4 - \frac{1}{6!}x^6 + \cdots + R_n$$

$$R_n = \begin{cases} (-1)^{m+1} \dfrac{\sin\theta x}{n!} x^n, & n = 2m+1 \text{ のとき} \\ (-1)^m \dfrac{\cos\theta x}{n!} x^n, & n = 2m \text{ のとき} \end{cases} \quad (m = 0, 1, 2, \ldots)$$

となる．やはり，例題 1.1 により，$\lim_{n\to\infty} R_n = 0$ なので，

2.6 整級数

$$\cos x = 1 - \frac{1}{2!}x^2 + \frac{1}{4!}x^4 - \frac{1}{6!}x^6 + \cdots = \sum_{n=0}^{\infty} \frac{(-1)^n}{(2n)!} x^{2n}$$

とマクローリン展開できる.

例題 2.5 極限値 $\displaystyle\lim_{x \to 0} \frac{\sin x - xe^x}{x^2}$ をテイラー展開を利用して求めよ.

《解》
$$\sin x = x + o(x^2), \qquad e^x = 1 + x + o(x)$$
とおけるので,
$$\lim_{x \to 0} \frac{\sin x - xe^x}{x^2} = \lim_{x \to 0} \frac{x + o(x^2) - x(1 + x + o(x))}{x^2}$$
$$= \lim_{x \to 0} \frac{-x^2 + o(x^2)}{x^2} = -1 \qquad \square$$

2.6 整級数

$\sum_{n=0}^{\infty} a_n x^n$ の形の級数を**整級数**という.

整級数は $x = 0$ ならば必ず収束するが,x の値によって収束したりしなかったりする. その基準は次の定理からわかる.

定理 2.17 整級数 $\sum_{n=0}^{\infty} a_n x^n$ に対して,

$$R = \lim_{n \to \infty} \left| \frac{a_n}{a_{n+1}} \right| \tag{2.8}$$

とおくとき,
(i) $|x| < R$ で整級数 $\sum_{n=0}^{\infty} a_n x^n$ は絶対収束する.
(ii) $|x| > R$ で整級数 $\sum_{n=0}^{\infty} a_n x^n$ は発散する.

上の定理の R のことを**収束半径**という.

《証明》 (i) $|x|<R$ のとき，$|x|<r<R$ となる r をとる．$\lim_{n\to\infty}\left|\dfrac{a_n}{a_{n+1}}\right|=R$ より，$n\geq N \Longrightarrow \left|\dfrac{a_n}{a_{n+1}}\right|>r$ となるような N をとる．

$$|a_n x^n| = \left|\frac{a_n}{a_{n-1}}\frac{a_{n-1}}{a_{n-2}}\cdots\frac{a_{N+1}}{a_N}a_N x^n\right|$$
$$< \frac{1}{r}\cdots\frac{1}{r}|a_N x^n| = \left|\frac{x}{r}\right|^{n-N}|a_N||x|^N$$

ここで，$\left|\dfrac{x}{r}\right|<1$ なので $\sum_{n=N}^{\infty}\left|\dfrac{x}{r}\right|^{n-N}|a_N||x|^N$ は収束する．よって，$\sum_{n=0}^{\infty}a_n x^n$ は絶対収束する．

(ii) $|x|>R$ のとき，$|x|>r>R$ となる r をとる．$\lim_{n\to\infty}\left|\dfrac{a_n}{a_{n+1}}\right|=R$ より，$n\geq N \Longrightarrow \left|\dfrac{a_n}{a_{n+1}}\right|<r$ となるような N をとる．

$$|a_n x^n| = \left|\frac{a_n}{a_{n-1}}\frac{a_{n-1}}{a_{n-2}}\cdots\frac{a_{N+1}}{a_N}a_N x^n\right|$$
$$> \frac{1}{r}\cdots\frac{1}{r}|a_N x^n| = \left|\frac{x}{r}\right|^{n-N}|a_N||x|^N$$

ここで，$\left|\dfrac{x}{r}\right|>1$ なので $\lim_{n\to\infty}|a_n x^n|\neq 0$．よって，$\sum_{n=0}^{\infty}a_n x^n$ は発散する． ∎

例 2.20 $|x|=R$ のときは，収束する例も収束しない例もある．

(1) 整級数 $\sum_{n=0}^{\infty}x^n$ の収束半径は $R=1$ であり，$x=\pm 1$ のときは発散する (例 1.4)．

(2) 整級数 $\sum_{n=1}^{\infty}\dfrac{1}{n}x^n$ の収束半径は $R=1$ であり，$x=1$ のとき発散し，$x=-1$ のとき収束する (例 1.6, 例 1.7)．

(3) 整級数 $\sum_{n=1}^{\infty}\dfrac{1}{n^2}x^n$ の収束半径は $R=1$ であり，$x=\pm 1$ のときも収束する (例題 1.4, 定理 1.11)．

定理 2.17 を用いて，級数の収束を判定することができる．

2.6 整級数

定理 2.18 (ダランベールの収束判定法) 級数 $\sum_{n=1}^{\infty} a_n$ に対して,

(i) $\lim_{n \to \infty} \left| \dfrac{a_n}{a_{n+1}} \right| > 1$ ならば, 級数 $\sum_{n=1}^{\infty} a_n$ は絶対収束する.

(ii) $\lim_{n \to \infty} \left| \dfrac{a_n}{a_{n+1}} \right| < 1$ ならば, 級数 $\sum_{n=1}^{\infty} a_n$ は発散する.

《証明》 定理 2.17 において, $x=1$ とすればよい. ∎

例 2.21 **(負の二項展開)** $f(x) = (1+x)^a \ (a \neq 0, 1, 2, \dots)$ は,

$f'(x) = a(1+x)^{a-1}, \qquad\qquad f'(0) = a,$

$f''(x) = a(a-1)(1+x)^{a-2}, \qquad f''(0) = a(a-1),$

$f'''(x) = a(a-1)(a-2)(1+x)^{a-3}, \quad f'''(0) = a(a-1)(a-2),$

$\qquad \vdots \qquad\qquad\qquad\qquad\qquad\qquad \vdots$

となるので, 問題 3.20 により,

$$(1+x)^a = \sum_{j=0}^{n-1} \binom{a}{j} x^j + R_n$$

$$R_n = \int_0^x \frac{(x-t)^{n-1}}{(n-1)!} \frac{d^n}{dt^n}(1+t)^a \, dt$$

$$= \frac{a(a-1)(a-2)\cdots(a-n+1)}{(n-1)!} \int_0^x \left(\frac{x-t}{1+t}\right)^{n-1} (1+t)^{a-1} dt$$

となる. ここで, $\binom{a}{n} = \dfrac{a(a-1)(a-2)\cdots(a-n+1)}{n!}$ であり, **負の二項係数**とよぶ. ただし, $\binom{a}{0} = 1$ とする.

$$\left| \frac{x-t}{1+t} \right| \leq |x|$$

により,

$$|R_n| \leq \left| \frac{a(a-1)(a-2)\cdots(a-n+1)}{(n-1)!} \right| |x|^{n-1} \left| \int_0^x (1+t)^{a-1} dt \right|$$

である．この右辺を a_n とおくと，

$$\left|\frac{a_n}{a_{n+1}}\right| = \frac{n}{|a-n||x|}$$

となるから，$|x|<1$ のとき $\displaystyle\lim_{n\to\infty}\left|\frac{a_n}{a_{n+1}}\right| > 1$ である．したがって，$|x|<1$ のとき $\displaystyle\sum_{n=0}^{\infty} a_n$ は収束し，$\displaystyle\lim_{n\to\infty} a_n = 0$ である．よって，$\displaystyle\lim_{n\to\infty} R_n = 0$ となるので，

$$(1+x)^a = \sum_{n=0}^{\infty} \binom{a}{n} x^n$$

とマクローリン展開できる．

問 8 $\displaystyle\binom{-\frac{1}{2}}{n} = \frac{(-1)^n(2n)!}{2^{2n}(n!)^2}$ を示せ．

整級数 $\displaystyle\sum_{n=0}^{\infty} a_n x^n$ が収束するとき，これが関数を定義していると考える．この関数について次のことが成り立つ．(証明には，「一様収束」の概念が必要になるので省略する.)

定理 2.19 関数 $f(x) = \displaystyle\sum_{n=0}^{\infty} a_n x^n$ の収束半径を R とすると，

(1) $f(x)$ は $-R < x < R$ で連続である．

(2) $f(x)$ は $-R < x < R$ で微分可能で，

$$f'(x) = \sum_{n=1}^{\infty} n a_n x^{n-1} \tag{2.9}$$

である．

(3) $f(x)$ は $-R < x < R$ で積分可能で，

$$\int_0^x f(t)\,dt = \sum_{n=0}^{\infty} \frac{a_n}{n+1} x^{n+1} \tag{2.10}$$

である．

問 9 (2.9) と (2.10) の右辺の整級数の収束半径がともに R であることを示せ．

2.6 整級数

定理 2.19 と問 9 から，関数 $f(x) = \sum_{n=0}^{\infty} a_n x^n$ は，$-R < x < R$ の範囲で何回でも微分できて，

$$f^{(n)}(0) = n! a_n \qquad (n = 0, 1, 2, \ldots)$$

となることがわかる．つまり，

$$a_n = \frac{f^{(n)}(0)}{n!} \qquad (n = 0, 1, 2, \ldots)$$

である．よって，**整級数のテイラー展開はもとの整級数であり，整級数の表し方は一意的である**ことがわかった．ただし，すべての関数に対してテイラー展開で整級数が得られるわけではないことに注意せよ．

例題 2.6 関数 $f(x) = \dfrac{1}{1-x}$ の n 階微分係数 $f^{(n)}(0)$ を求めよ．

《解》 $\dfrac{1}{1-x}$ は，例 1.4 より，

$$\frac{1}{1-x} = \sum_{n=0}^{\infty} x^n \qquad (|x| < 1) \tag{2.11}$$

と表される．テイラー展開の一意性から，(2.11) が $\dfrac{1}{1-x}$ のマクローリン級数である．よって，

$$f^{(n)}(0) = n! \qquad (n = 0, 1, 2, \ldots) \qquad \square$$

収束半径の内部でテイラー級数が収束するので，定理 1.9 を利用してテイラー展開を求めることもできる．

例題 2.7 $\cosh x = \dfrac{e^x + e^{-x}}{2}$ と $\sinh x = \dfrac{e^x - e^{-x}}{2}$ のマクローリン級数を求めよ．

《解》 すべての x で $e^x = \sum_{n=0}^{\infty} \frac{1}{n!} x^n$ より，

$$e^{-x} = \sum_{n=0}^{\infty} \frac{(-x)^n}{n!} = \sum_{n=0}^{\infty} \frac{(-1)^n}{n!} x^n$$

である．よって，

$$\cosh x = \frac{e^x + e^{-x}}{2} = \frac{1}{2}\left(\sum_{n=0}^{\infty} \frac{1}{n!} x^n + \sum_{n=0}^{\infty} \frac{(-1)^n}{n!} x^n\right)$$

$$= \sum_{n=0}^{\infty} \frac{1}{(2n)!} x^{2n}$$

$$\sinh x = \frac{e^x - e^{-x}}{2} = \frac{1}{2}\left(\sum_{n=0}^{\infty} \frac{1}{n!} x^n - \sum_{n=0}^{\infty} \frac{(-1)^n}{n!} x^n\right)$$

$$= \sum_{n=0}^{\infty} \frac{1}{(2n+1)!} x^{2n+1} \qquad \square$$

整級数は収束半径の内部で連続関数になるが，収束半径の端でも収束するときには，そこまで含めて連続である．(証明には，「一様収束」の概念が必要になるので省略する.)

定理 2.20 関数 $f(x) = \sum_{n=0}^{\infty} a_n x^n$ の収束半径を R とする．

(i) $\sum_{n=0}^{\infty} a_n R^n$ が収束するならば，$f(x)$ は $-R < x \leq R$ で連続である．

(ii) $\sum_{n=0}^{\infty} a_n (-R)^n$ が収束するならば，$f(x)$ は $-R \leq x < R$ で連続である．

例 2.22 $\dfrac{1}{1-x}$ は，(2.11) のようにテイラー展開される．ここで，

$$\int_0^x \frac{dt}{1-t} = -\log|1-x|$$

であるが，定理 2.19 により，

$$\int_0^x \sum_{n=0}^{\infty} t^n \, dt = \sum_{n=0}^{\infty} \frac{1}{n+1} x^{n+1}$$

2.6 整級数

なので,

$$\log|1-x| = -\sum_{n=0}^{\infty} \frac{1}{n+1} x^{n+1} = -\sum_{n=1}^{\infty} \frac{1}{n} x^n \qquad (2.12)$$

となるが, テイラー展開の一意性から, (2.12) が $\log|1-x|$ のテイラー展開になる. 右辺の収束半径は $R=1$ であるが, 定理 1.11 から, この整級数は $x=-1$ でも収束する. よって, 定理 2.20 により,

$$\log 2 = \sum_{n=1}^{\infty} \frac{(-1)^{n+1}}{n} = \frac{1}{1} - \frac{1}{2} + \frac{1}{3} - \frac{1}{4} + \cdots$$

である.

ところで, (2.11) で $x=-1$ とすると, $\frac{1}{2} = \sum_{n=0}^{\infty} (-1)^n = 1-1+1-1+\cdots$ という式が得られるが, (2.11) の右辺は $x=-1$ で収束しないので, これは間違った式である.

例 2.23 $\dfrac{1}{1+x^2}$ は, (2.11) の x を $-x^2$ とすればよいので,

$$\frac{1}{1+x^2} = \sum_{n=0}^{\infty} (-x^2)^n = \sum_{n=0}^{\infty} (-1)^n x^{2n}$$

となる. 右辺の収束半径は $R=1$ である ($x=\pm 1$ では収束しない). 定理 2.19 により,

$$\int_0^x \frac{dt}{1+t^2} = \arctan x = \sum_{n=0}^{\infty} \frac{(-1)^n}{2n+1} x^{2n+1}$$

となって, $\arctan x$ のテイラー展開が得られる. この右辺の収束半径はやはり $R=1$ であるが, 定理 1.11 により, $x=1$ でも収束する. よって, 定理 2.20 により,

$$\frac{\pi}{4} = \arctan 1 = \sum_{n=0}^{\infty} \frac{(-1)^n}{2n+1} = \frac{1}{1} - \frac{1}{3} + \frac{1}{5} - \frac{1}{7} + \cdots$$

である[*].

---

[*] この級数は, グレゴリー級数, ライプニッツ級数などとよばれる円周率 π の計算式であるが, 収束が遅いので実用的ではない.

例 2.24 $\dfrac{1}{a-x}$ ($a > 0$) は,

$$\frac{1}{a-x} = \frac{1}{a}\left(\frac{1}{1-\frac{x}{a}}\right)$$

と変形できるので, (2.11) から

$$\frac{1}{a-x} = \frac{1}{a}\sum_{n=0}^{\infty}\left(\frac{x}{a}\right)^n = \sum_{n=0}^{\infty}\frac{1}{a^{n+1}}x^n$$

となる. 右辺の収束半径は $R = a$ である.

$\dfrac{1}{1-x}$ は $x = 1$ で定義されないので, その整級数の収束半径が 1 で止まってしまうのは納得しやすい. この事情は $\dfrac{1}{a-x}$ の整級数の収束半径が a であるのも同様である. しかし, $\dfrac{1}{1+x^2}$ はすべての実数 x で定義されているのに, その整級数の収束半径は 1 である. これは, x を実数ではなく, 複素数で考えたときに事情が納得できる. $\dfrac{1}{1+x^2}$ は $x = \pm i$ で定義されないので, その整級数の収束半径が 1 になってしまうのである. つまり, 整級数の理論は, 複素数まで拡張して考えたほうがよい. 収束半径という用語も複素数平面で考えているから, 円の『半径』なのである.

第 2 章の演習問題

[A]

問題 2.1 次の関数は $x = 0$ で微分可能か調べよ.

(1) $f(x) = \dfrac{x^2}{1+|x|}$

(2) $f(x) = \begin{cases} x\sin\dfrac{1}{x}, & x \neq 0 \\ 0, & x = 0 \end{cases}$

(3) $f(x) = \begin{cases} (1+x)^{1/x}, & -1 < x < 0,\ 0 < x \\ e, & x = 0 \end{cases}$

演習問題

問題 2.2 次の関数を微分せよ．

(1) $\sinh x$
(2) $\cosh x$
(3) $\tanh x$
(4) $\log(\log x)$
(5) $\log_x a$ $(a>0,\ a\neq 1)$
(6) $\arcsin(x^x)$
(7) $x^{\log x}$
(8) $x^{\arctan x}$ $(x>0)$
(9) $x^{\sin x}$ $(x>0)$
(10) $\left(x+\dfrac{1}{x}\right)^3$
(11) $\sqrt{(x-1)(x+2)}$
(12) $\dfrac{2x}{3x^2+1}$
(13) $\dfrac{2x}{(x^2-1)^2}$
(14) $\dfrac{1}{(x^2+x+1)^2}$
(15) $\dfrac{x^2-2x+1}{x^2+x+1}$
(16) $\dfrac{1}{(x^2+2)^4}$
(17) $\sin(2x+1)$
(18) $\cos(x^2+1)$
(19) $\sin^4 x$
(20) $\tan^2 x$
(21) $\tan^2 3x$
(22) $\sin x \cos x$
(23) $\sin^2 x^2\ (=\{\sin(x^2)\}^2)$
(24) $\sqrt{1+\sin x}$
(25) $\sqrt{1-\cos x}$
(26) $\dfrac{1}{1+\cos 2x}$
(27) e^{-2x+3}
(28) e^{3x^2+1}
(29) $e^{1/x}$
(30) $e^{\sin x}$
(31) 2^{3x+1}
(32) $2^{\sin x}$
(33) $3^{1/x}$
(34) 5^{x^2-1}
(35) $x^3 e^{-x^3} - x - 3$
(36) $\left(e^x - e^{-x}\right)^2$
(37) $e^{3x}\cos 4x$
(38) $(x^2+3)e^{4x^2+x}$
(39) $\dfrac{\log x}{x}$
(40) $(\log|x|)^2$
(41) $\log(x^2-x+1)$
(42) $\log_{10}|2x+3|$
(43) $\log|\cos 2x|$
(44) $e^x \log x$
(45) $\dfrac{\log(\sin^2 x)}{\cos x}$
(46) $x^{\sqrt{x}}$
(47) x^{x^2}
(48) $x^{\cos x}$
(49) $x^{\frac{1}{2x}}$
(50) $\left(\dfrac{1}{x}\right)^{x^2}$
(51) $(\cos x)^{x^2}$

問題 2.3 $f(x)=\begin{cases} x^2\sin\dfrac{1}{x}, & x\neq 0 \\ 0, & x=0 \end{cases}$ とする．

(1) $x\neq 0$ のとき，導関数 $f'(x)$ を求めよ．
(2) 定義に従って $f'(0)$ を求めよ．
(3) $f'(x)$ は $x=0$ で連続か？

問題 2.4 (1) $\sinh x$ の逆関数 $\sinh^{-1} x$ の定義域を求め，その微分 $\dfrac{d}{dx}\sinh^{-1} x$ を計算せよ．

(2) $\cosh x$ の定義域を $(0,\infty)$ とするとき，逆関数 $\cosh^{-1} x$ の定義域を求め，その微分 $\dfrac{d}{dx}\cosh^{-1} x$ を計算せよ．

(3) $\tanh x$ の逆関数 $\tanh^{-1} x$ の定義域を求め,その微分 $\dfrac{d}{dx}\tanh^{-1} x$ を計算せよ.

問題 2.5 次の極限値を求めよ.

(1) $\displaystyle\lim_{x\to 1}\dfrac{\sqrt{x}-1}{\sqrt[3]{x}-1}$
(2) $\displaystyle\lim_{x\to 0}\dfrac{x^2}{1-\cos x}$
(3) $\displaystyle\lim_{x\to 0}\dfrac{1-\cos x}{\sin^2 x}$
(4) $\displaystyle\lim_{x\to \pi/2}\dfrac{\cos^2 x}{1-\sin x}$
(5) $\displaystyle\lim_{x\to 1}\left(\dfrac{x}{x-1}-\dfrac{1}{\log x}\right)$
(6) $\displaystyle\lim_{x\to 1}\dfrac{a^{1-x}-1}{1-x}\ (a>0)$
(7) $\displaystyle\lim_{x\to 0}\dfrac{1}{x^2}\left(\dfrac{\sin x}{x}-1\right)$
(8) $\displaystyle\lim_{x\to 0}\left(\dfrac{1}{e^x-1}-\dfrac{1}{x}\right)$
(9) $\displaystyle\lim_{x\to 0}\left(\dfrac{1}{\sin x}-\dfrac{1}{e^x-1}\right)$
(10) $\displaystyle\lim_{x\to \infty}\dfrac{\log x}{x^a}\ (a>0)$
(11) $\displaystyle\lim_{x\to \infty} x\arctan\dfrac{1}{x}$
(12) $\displaystyle\lim_{x\to 0}(\cos x)^{1/x^2}$
(13) $\displaystyle\lim_{x\to 0}\dfrac{x-\tan x}{x(1-\cos x)}$
(14) $\displaystyle\lim_{x\to 0}\dfrac{2\sin x-\sin 2x}{x-\sin x}$

問題 2.6 次の極限値を計算せよ.

(1) $\displaystyle\lim_{x\to 0}\dfrac{e^x-1}{x}$
(2) $\displaystyle\lim_{x\to 0}\dfrac{e^x-1-x}{x^2}$
(3) $\displaystyle\lim_{x\to 0}\dfrac{e^x-1-x-\frac{x^2}{2}}{x^3}$
(4) $\displaystyle\lim_{x\to 0}\dfrac{e^x-1-x-\frac{x^2}{2}-\frac{x^3}{6}}{x^4}$

問題 2.7 次の関数の極値を調べよ.

(1) $f(x)=x^2 e^{-2x}$
(2) $f(x)=\sqrt{2x^2+x^3}$
(3) $f(x)=\dfrac{x}{\log x}$
(4) $f(x)=\dfrac{\sin x}{1+\tan x}$
(5) $f(x)=2\sin^3 x-3\sin x$

問題 2.8 次の整級数の収束半径を求めよ.

(1) $\displaystyle\sum_{n=0}^{\infty}\dfrac{1}{n!}x^n$
(2) $\displaystyle\sum_{n=0}^{\infty}\dfrac{(2n)!}{n!}x^n$
(3) $\displaystyle\sum_{n=0}^{\infty}\binom{2n}{n}x^n$
(4) $\displaystyle\sum_{n=0}^{\infty}\dfrac{n^n}{n!}x^n$
(5) $\displaystyle\sum_{n=0}^{\infty}3^n x^n$
(6) $\displaystyle\sum_{n=0}^{\infty}3^n x^{3n}$

問題 2.9 次の関数 $f(x)$ のマクローリン展開を求め,n 階微分係数 $f^{(n)}(0)$ を求めよ $(n\geq 0)$.

(1) $f(x)=e^{-2x}$
(2) $f(x)=x^2 e^x$
(3) $f(x)=x\sin x$
(4) $f(x)=e^{x^2}$

(5) $f(x) = \dfrac{1}{x^2 - 3x + 2}$ (6) $f(x) = \log \dfrac{1+x}{1-x}$

(7) $f(x) = \dfrac{1}{(1-x)^2}$ (8) $f(x) = \dfrac{2x}{(1+x^2)^2}$

(9) $f(x) = \dfrac{1}{\sqrt{1-x^2}}$ (10) $f(x) = \arcsin x$

(11) $f(x) = \dfrac{1}{\sqrt{1+x^2}}$ (12) $f(x) = \log|\sqrt{1+x^2} + x|$

[B]

問題 2.10 関数 $f(x)$ が $x = a$ で微分可能のとき，
$$\lim_{h \to 0} \frac{f(a+h) - f(a-h)}{2h} = f'(a)$$
が成り立つことを示せ．

問題 2.11 方程式 $4ax^3 + 3bx^2 + 2cx - (a+b+c) = 0$ は区間 $(0,1)$ に少なくとも 1 つの根をもつことを示せ．

問題 2.12 関数 $f(x)$ は閉区間 $[a,b]$ で連続，開区間 (a,b) で微分可能で $f(x) \neq 0$ ($x \in (a,b)$) とする．$f(a) = f(b) = 0$ ならば，任意の $k \in \mathbb{R}$ に対して
$$\frac{f'(c)}{f(c)} = k$$
となる $c \in (a,b)$ が存在することを示せ．

問題 2.13 関数 $f(x)$ は C^2 級で，$f''(a) \neq 0$ とする．平均値の定理：
$$f(a+h) = f(a) + hf'(a + \theta h) \quad (0 < \theta < 1)$$
における θ に対して，$\lim_{h \to 0} \theta$ を求めよ．

問題 2.14 関数 $f(x)$ は区間 (a,b) で微分可能とする．$c \in (a,b)$ に対して，もし $\lim_{x \to c} f'(x)$ が存在すれば，$f'(x)$ は $x = c$ で連続であることを示せ．

問題 2.15 関数 $f(x)$ は区間 (a,b) で連続で，$(a,c) \cup (c,b)$ で微分可能とする ($a < c < b$)．$\lim_{x \to c} f'(x)$ が存在するならば，$f(x)$ は $x = c$ でも微分可能となることを証明せよ．

問題 2.16 関数 $f(x)$ が区間 $[a,b]$ で微分可能とする．$f'(a) < 0 < f'(b)$ ならば $f'(c) = 0$ となる $c \in (a,b)$ が存在することを証明せよ．

問題 2.17 $f''(a)$ が存在するとき,
$$\lim_{h \to 0} \frac{f(a+h) + f(a-h) - 2f(a)}{h^2} = f''(a)$$
が成り立つことを示せ.

問題 2.18 (コーシー・アダマールの定理) 整級数 $\sum_{n=0}^{\infty} a_n x^n$ に対して,
$$\frac{1}{R} = \limsup_{n \to \infty} \sqrt[n]{|a_n|} \tag{2.13}$$
とおくとき,次のことを示せ.
(1) $|x| < R$ で整級数 $\sum_{n=0}^{\infty} a_n x^n$ は絶対収束する.
(2) $|x| > R$ で整級数 $\sum_{n=0}^{\infty} a_n x^n$ は発散する.

3
積 分 法

積分はその意味としてはグラフの下の部分の面積を表しているが，微分の逆演算として計算することができる．

3.1 不定積分

関数 $f(x)$ に対して $F'(x) = f(x)$ となる関数 $F(x)$ (があれば，それ) を $f(x)$ の**原始関数**という．すべての原始関数は，

$$F(x) + C \quad (C \text{ は任意の定数})$$

と書ける．これを $f(x)$ の**不定積分**といい，

$$\int f(x)\,dx = F(x) + C$$

と表す．C は**積分定数**とよばれるが，しばしば省略される．

例 3.1 $(\sin^2 x)' = 2\sin x \cos x$ により，

$$\int 2\sin x \cos x\,dx = \sin^2 x$$

であるが，一方，$(-\cos^2 x)' = 2\cos x \sin x$ なので，

$$\int 2\sin x \cos x\,dx = -\cos^2 x$$

でもある．しかし，ここから，$\sin^2 x = -\cos^2 x$ とはいえない．積分定数を省略しなければ，

$$\sin^2 x + C_1 = -\cos^2 x + C_2$$

となって,実際 $C_2 - C_1 = 1$ とすれば成立するので間違うことはないが,省略に伴う混乱には注意しよう.

問 10 次の不定積分がどちらも正しいことを確認せよ.

(1) $\displaystyle\int \frac{dx}{(x^2+a^2)^{3/2}} = \frac{x}{a^2\sqrt{x^2+a^2}}$ と

$\displaystyle\int \frac{dx}{(x^2+a^2)^{3/2}} = -\frac{1}{x^2+x\sqrt{x^2+a^2}+a^2}$

(2) $\displaystyle\int \frac{4x^2}{x^4-16}\,dx = \frac{1}{2}\log\left|\frac{x-2}{x+2}\right| + \arctan\frac{x}{2}$ と

$\displaystyle\int \frac{4x^2}{x^4-16}\,dx = \frac{1}{2}\log\left|\frac{2-x}{2+x}\right| - \arctan\frac{2}{x}$

次の性質は,定理 2.3 (1) と同じことを表している.

定理 3.1 $f(x), g(x)$ を関数,p, q を定数とすると,

$$\int (pf(x) + qg(x))\,dx = p\int f(x)\,dx + q\int g(x)\,dx$$

定理 2.3 (2) に対応するのが,次の計算技法である.

定理 3.2 (部分積分法)

$$\int f'(x)g(x)\,dx = f(x)g(x) - \int f(x)g'(x)\,dx$$

《証明》 定理 2.3 (2) より

$$(f(x)g(x))' = f'(x)g(x) + f(x)g'(x)$$

である.ここで不定積分の定義より

$$f(x)g(x) = \int f'(x)g(x)\,dx + \int f(x)g'(x)\,dx$$

3.1 不定積分

例題 3.1 不定積分 $\int \log x \, dx$ を計算せよ.

《解》 $1 = f'(x)$, $\log x = g(x)$ と考えて，部分積分法を適用すると，

$$\int \log x \, dx = \int (x)' \log x \, dx$$
$$= x \log x - \int x \frac{1}{x} \, dx$$
$$= x \log x - \int dx$$
$$= x \log x - x \qquad \square$$

もう1つの計算技法は，定理 2.4 に対応するものである．

定理 3.3 (置換積分法) $x = x(t)$ のとき

$$\int f(x) \, dx = \int f(x(t)) x'(t) \, dt$$

これは，また

$$\int f(x) \, dx = \int f(x(t)) \frac{dx}{dt} \, dt$$

と書くことができる．

《証明》 $F(x) = \int f(x) \, dx$ とおくと

$$F'(x) = f(x)$$

である．一方，$x = x(t)$ とおくと，定理 2.4 から

$$\frac{d}{dt} F(x(t)) = F'(x(t)) x'(t) = f(x(t)) x'(t)$$

となる．したがって

$$F(x) = F(x(t)) = \int f(x(t)) x'(t) \, dt \qquad \blacksquare$$

例題 3.2 不定積分 $\int x\sqrt{x^2+1}\,dx$ を計算せよ.

《解》 $t = x^2+1$ とおくと,$\dfrac{dt}{dx} = 2x$ より $x\,dx = \frac{1}{2}dt$ なので
$$\int x\sqrt{x^2+1}\,dx = \frac{1}{2}\int \sqrt{t}\,dt$$
$$= \frac{1}{3}t^{3/2}$$
$$= \frac{1}{3}(x^2+1)\sqrt{x^2+1} \qquad \square$$

積分法には,思いもつかないような超絶技法があるので,それらを 3.3 節で紹介する.

3.2 有理関数の不定積分

x の多項式 $P(x)$, $Q(x)$ を用いて,$\dfrac{Q(x)}{P(x)}$ の形に表される関数を**有理関数**という.本節では,有理関数の不定積分 $\int \dfrac{Q(x)}{P(x)}\,dx$ の求め方の手順 (I)〜(III) を解説する.

(I) もし,$(Q(x)$ の次数$) \geq (P(x)$ の次数$)$ であれば,$Q(x)$ を $P(x)$ で割って,$Q(x) = f(x)P(x) + R(x)$ とする.よって,
$$\int \frac{Q(x)}{P(x)}\,dx = \int f(x)\,dx + \int \frac{R(x)}{P(x)}\,dx$$
となり,有理関数 $\dfrac{R(x)}{P(x)}$ の $(R(x)$ の次数$) < (P(x)$ の次数$)$ とできる.

例 3.2 $\dfrac{x^3}{x^2+x+2} = x - 1 + \dfrac{-x+2}{x^2+x+1}$

(II) $P(x)$ を因数分解して,
 (i) $(x-a)^m$ $(a \in \mathbb{R})$ を因数にもつとき,
$$\frac{1}{x-a},\ \frac{1}{(x-a)^2},\ \cdots,\ \frac{1}{(x-a)^m}$$

3.2 有理関数の不定積分

(ii) $(x^2+bx+c)^n$ $(b^2-4c<0)$ を因数にもつとき，

$$\frac{1}{x^2+bx+c},\ \frac{1}{(x^2+bx+c)^2},\ \cdots,\ \frac{1}{(x^2+bx+c)^n},$$
$$\frac{x}{(x^2+bx+c)},\ \frac{x}{(x^2+bx+c)^2},\ \cdots,\ \frac{x}{(x^2+bx+c)^n}$$

これらの 1 次結合で，$\dfrac{R(x)}{P(x)}$ は書ける．

例 3.3 (1)
$$\frac{3x^2}{x^4+x^3+x+1}=\frac{3x^2}{(x+1)^2(x^2-x+1)}$$
$$=\frac{A}{x+1}+\frac{B}{(x+1)^2}+\frac{Cx}{x^2-x+1}+\frac{D}{x^2-x+1}$$

と分解できる．実際，$A=-1, B=1, C=1, D=0$ となる．

(2) $\dfrac{1}{x^8-2x^4+1}=\dfrac{1}{(x+1)^2(x-1)^2(x^2+1)^2}$
$$=\frac{A}{x+1}+\frac{B}{(x+1)^2}+\frac{C}{x-1}+\frac{D}{(x-1)^2}+\frac{Ex+F}{x^2+1}+\frac{Gx+H}{(x^2+1)^2}$$

と分解できる．実際，$A=\frac{3}{16}, B=\frac{1}{16}, C=-\frac{3}{16}, D=\frac{1}{16}, E=0, F=\frac{1}{4}$,
$G=0, H=\frac{1}{4}$ となる．

(III) $\displaystyle\int \frac{R(x)}{P(x)}\,dx$ の計算は，次の 2 つの場合 (A), (B) に帰着された．

(A) $\displaystyle\int \frac{dx}{(x-a)^m}\ (m\geq 1),$ (B) $\displaystyle\int \frac{kx+l}{(x^2+bx+c)^n}\,dx\ (n\geq 1)$

(A) $\displaystyle\int \frac{dx}{(x-a)^m}=\begin{cases}\dfrac{1}{(-m+1)(x-a)^{m-1}}, & m\neq 1\\ \log|x-a|, & m=1\end{cases}$ である．

(B) $b^2-4c<0$ より，$x^2+bx+c=0$ は虚根 $x=p\pm qi$ をもつので，$x^2+bx+c=(x-p)^2+q^2$ とできる．よって，$x-p=t$ と置換して

$$\int \frac{kx+l}{(x^2+bx+c)^n}\,dx=\int \frac{kx+l}{\{(x-p)^2+q^2\}^n}\,dx$$
$$=k\int \frac{t}{(t^2+q^2)^n}\,dt+(kp+l)\int \frac{dt}{(t^2+q^2)^n}$$

となり，(B) は，$\displaystyle\int \frac{t}{(t^2+q^2)^n}\,dt$ と $\displaystyle\int \frac{dt}{(t^2+q^2)^n}$ の計算に帰着された．

(B-1) $\displaystyle\int \frac{t}{(t^2+q^2)^n}\,dt$ は，$s=t^2$ と置換して

$$\int \frac{t}{(t^2+q^2)^n}\,dt = \frac{1}{2}\int \frac{ds}{(s+q^2)^n}$$
$$= \begin{cases} \dfrac{1}{2(-n+1)(s+q^2)^{n-1}} = \dfrac{1}{2(-n+1)(t^2+q^2)^{n-1}}, & n\neq 1 \\ \dfrac{1}{2}\log|s+q^2| = \dfrac{1}{2}\log(t^2+q^2), & n=1 \end{cases}$$

と計算できる．

(B-2) $I_n = \displaystyle\int \frac{dt}{(t^2+q^2)^n}$ とおく．

$$I_n = \int \frac{dt}{(t^2+q^2)^n} = \frac{1}{q^2}\int \frac{t^2+q^2-t^2}{(t^2+q^2)^n}\,dt$$
$$= \frac{1}{q^2}\left\{\int \frac{dt}{(t^2+q^2)^{n-1}} - \int \frac{t^2}{(t^2+q^2)^n}\,dt\right\}$$
$$= \frac{1}{q^2}\left\{I_{n-1} - \int \frac{t}{2(-n+1)}\left(\frac{1}{(t^2+q^2)^{n-1}}\right)'\,dt\right\}$$
$$= \frac{1}{q^2}\left\{I_{n-1} - \frac{t}{2(-n+1)(t^2+q^2)^{n-1}} + \int \frac{1}{2(-n+1)}\frac{1}{(t^2+q^2)^{n-1}}\,dt\right\}$$
$$= \frac{1}{q^2}\left\{I_{n-1} - \frac{t}{2(-n+1)(t^2+q^2)^{n-1}} + \frac{1}{2(-n+1)}I_{n-1}\right\}$$

より，I_n の計算は I_{n-1} に帰着できる．

$$I_1 = \int \frac{dt}{t^2+q^2} = \frac{1}{q}\arctan\frac{t}{q}$$

なので，I_n は計算できる．

例題 3.3 不定積分 $\displaystyle\int \frac{x^2+1}{x^2-1}\,dx$ を求めよ．

《解》 $\dfrac{x^2+1}{x^2-1} = 1 + \dfrac{2}{(x+1)(x-1)}$ であり，

3.2 有理関数の不定積分

$$\frac{2}{(x+1)(x-1)} = \frac{A}{x+1} + \frac{B}{x-1}$$

とおいて解くと, $A = -1, B = 1$ となるので,

$$\int \frac{x^2+1}{x^2-1}\,dx = \int dx - \int \frac{dx}{x+1} + \int \frac{dx}{x-1}$$
$$= x - \log|x+1| + \log|x-1| = x + \log\left|\frac{x-1}{x+1}\right| \quad \Box$$

例題 3.4 不定積分 $\displaystyle\int \frac{dx}{x^6 + 2x^4 + x^2}$ を求めよ.

《解》 $x^6 + 2x^4 + x^2 = x^2(x^2+1)^2$ より,

$$\frac{1}{x^2(x^2+1)^2} = \frac{A}{x} + \frac{B}{x^2} + \frac{Cx+D}{x^2+1} + \frac{Ex+F}{(x^2+1)^2}$$

とおいて解くと, $A = 0, B = 1, C = 0, D = -1, E = 0, F = -1$ となるので,

$$\int \frac{dx}{x^6 + 2x^4 + x^2}$$
$$= \int \frac{dx}{x^2} - \int \frac{dx}{x^2+1} - \int \frac{dx}{(x^2+1)^2}$$
$$= -\frac{1}{x} - \arctan x - \int \frac{x^2+1-x^2}{(x^2+1)^2}\,dx$$
$$= -\frac{1}{x} - \arctan x - \int \frac{dx}{x^2+1} + \int \frac{x^2}{(x^2+1)^2}\,dx$$
$$= -\frac{1}{x} - \arctan x - \arctan x + \int \frac{x}{-2}\left(\frac{1}{x^2+1}\right)'\,dx$$
$$= -\frac{1}{x} - 2\arctan x + \frac{x}{-2(x^2+1)} + \frac{1}{2}\int \frac{dx}{x^2+1}$$
$$= -\frac{1}{x} - 2\arctan x - \frac{x}{2(x^2+1)} + \frac{1}{2}\arctan x$$
$$= -\frac{3x^2+2}{2x(x^2+1)} - \frac{3}{2}\arctan x \quad \Box$$

3.3 積分の超絶技法

(a) $\displaystyle \int F\left(x, \sqrt{ax^2+bx+c}\right)dx$ の場合

(I) $ax^2+bx+c=0$ が2つの異なる実根 α, β をもつとき，$t=\sqrt{\dfrac{a(x-\alpha)}{x-\beta}}$
と置換する．

(II) $a>0$ のとき，$t=\sqrt{ax^2+bx+c}+\sqrt{a}x$ と置換する．

例題 3.5 不定積分 $\displaystyle \int \frac{dx}{\sqrt{x^2+a}}$ を計算せよ．

《解》 $t=\sqrt{x^2+a}+x$ とおくと，$x=\dfrac{t^2-a}{2t}$ であり，

$$\frac{dx}{dt}=\frac{t^2+a}{2t^2}, \quad \sqrt{x^2+a}=\frac{t^2+a}{2t}$$

となるので，

$$\int \frac{dx}{\sqrt{x^2+a}} = \int \frac{2t}{t^2+a}\frac{t^2+a}{2t^2}dt$$
$$= \int \frac{dt}{t}$$
$$= \log|t| = \log\left|\sqrt{x^2+a}+x\right| \qquad \square$$

例題 3.6 不定積分 $\displaystyle \int \sqrt{x^2+a}\,dx$ を計算せよ．

《解》 $\displaystyle \int \sqrt{x^2+a}\,dx = \int (x)'\sqrt{x^2+a}\,dx$

$$= x\sqrt{x^2+a} - \int x\left(\sqrt{x^2+a}\right)'dx$$
$$= x\sqrt{x^2+a} - \int x\frac{x}{\sqrt{x^2+a}}dx$$

3.3 積分の超絶技法

$$= x\sqrt{x^2+a} - \int \frac{x^2+a-a}{\sqrt{x^2+a}}\,dx$$

$$= x\sqrt{x^2+a} - \int \sqrt{x^2+a}\,dx + \int \frac{a}{\sqrt{x^2+a}}\,dx$$

$$= x\sqrt{x^2+a} - \int \sqrt{x^2+a}\,dx + a\log\left|\sqrt{x^2+a}+x\right| \quad (\because 例題 3.5 より)$$

これを整理して，

$$\int \sqrt{x^2+a}\,dx = \frac{1}{2}\left(x\sqrt{x^2+a} + a\log\left|\sqrt{x^2+a}+x\right|\right) \qquad \square$$

例題 3.7 不定積分 $\displaystyle\int \frac{dx}{\sqrt{a^2-x^2}}$ を計算せよ．$(a>0)$

《解》 $t = \sqrt{\dfrac{a-x}{a+x}}$ とおくと，$x = \dfrac{a(1-t^2)}{1+t^2}$ であり，

$$\frac{dx}{dt} = \frac{-4at}{(1+t^2)^2}, \quad \sqrt{a^2-x^2} = \frac{2at}{1+t^2}$$

となるので，

$$\int \frac{dx}{\sqrt{a^2-x^2}} = \int \frac{1+t^2}{2at}\frac{-4at}{(1+t^2)^2}\,dt$$

$$= \int \frac{-2}{1+t^2}\,dt$$

$$= -2\arctan t = -2\arctan\sqrt{\frac{a-x}{a+x}} \qquad \square$$

問 11 実は，例 2.8 から

$$\int \frac{dx}{\sqrt{a^2-x^2}} = \arcsin\frac{x}{a}$$

がすぐわかる．しかし，$-2\arctan\sqrt{\dfrac{a-x}{a+x}} = \arcsin\dfrac{x}{a}$ ではない．これらの間の関係式を求めよ．

(b) $\int F(\sin x, \cos x)\, dx$ の場合

特に, $\int f(\sin x) \cos x\, dx$ の場合には, $t = \sin x$ と置換すればよいし, $\int f(\cos x) \sin x\, dx$ の場合には, $t = \cos x$ と置換すればよいが, それでうまくいかないときは, $t = \tan \dfrac{x}{2}$ と置換する.

例題 3.8 不定積分 $\displaystyle\int \dfrac{dx}{\cos x}$ を計算せよ.

《解》
$$\begin{aligned}
\int \frac{dx}{\cos x} &= \int \frac{\cos x}{\cos^2 x}\, dx \\
&= \int \frac{\cos x}{1 - \sin^2 x}\, dx \\
&= \int \frac{dt}{1 - t^2} \quad (t = \sin x \text{ と置換}) \\
&= \int \frac{dt}{(1+t)(1-t)} \\
&= \frac{1}{2} \int \left(\frac{1}{1+t} + \frac{1}{1-t} \right) dt \\
&= \frac{1}{2} \left(\log|1+t| - \log|1-t| \right) \\
&= \frac{1}{2} \log \left| \frac{1+t}{1-t} \right| \\
&= \frac{1}{2} \log \frac{1 + \sin x}{1 - \sin x} \qquad \square
\end{aligned}$$

《別解》 $t = \tan \dfrac{x}{2}$ とすると,

$$\sin x = \frac{2t}{1+t^2}, \quad \cos x = \frac{1-t^2}{1+t^2}, \quad \frac{dx}{dt} = \frac{2}{1+t^2}$$

となるので,

$$\int \frac{dx}{\cos x} = \int \frac{1+t^2}{1-t^2} \frac{2}{1+t^2}\, dt$$

$$= \int \left(\frac{1}{1+t} + \frac{1}{1-t}\right) dt$$
$$= \log\left|\frac{1+t}{1-t}\right|$$
$$= \log\left|\frac{1+\tan\frac{x}{2}}{1-\tan\frac{x}{2}}\right| \qquad \Box$$

問 12 $\dfrac{1}{2}\log\dfrac{1+\sin x}{1-\sin x} = \log\left|\dfrac{1+\tan\frac{x}{2}}{1-\tan\frac{x}{2}}\right|$ が成り立つことを確認せよ．

(c) 漸化式によるもの

例題 3.9
$$\int \cos^n x\, dx = \frac{1}{n}\cos^{n-1}x \sin x + \frac{n-1}{n}\int \cos^{n-2}x\, dx$$
$$\int \sin^n x\, dx = -\frac{1}{n}\sin^{n-1}x \cos x + \frac{n-1}{n}\int \sin^{n-2}x\, dx$$

特に，
$$\int_0^{\pi/2} \cos^n x\, dx = \int_0^{\pi/2} \sin^n x\, dx$$
$$= \begin{cases} \dfrac{n-1}{n}\dfrac{n-3}{n-2}\cdots\dfrac{3}{4}\dfrac{1}{2}\dfrac{\pi}{2}, & n \text{ が偶数} \\ \dfrac{n-1}{n}\dfrac{n-3}{n-2}\cdots\dfrac{4}{5}\dfrac{2}{3}, & n \text{ が奇数} \end{cases}$$

《解》
$$\int \cos^n x\, dx = \int (\sin x)' \cos^{n-1}x\, dx$$
$$= \sin x \cos^{n-1}x - \int \sin x (\cos^{n-1}x)'\, dx$$
$$= \sin x \cos^{n-1}x + (n-1)\int \sin^2 x \cos^{n-2}x\, dx$$
$$= \sin x \cos^{n-1}x + (n-1)\int (1-\cos^2 x) \cos^{n-2}x\, dx$$
$$= \sin x \cos^{n-1}x + (n-1)\int \cos^{n-2}x\, dx - (n-1)\int \cos^n x\, dx$$

これを整理すればよい. $\int \sin^n x\,dx$ についても同様. □

3.4 簡単な微分方程式

不定積分の応用として，微分方程式を解くことを考える．

（a） 変数分離形

$y' = 2xy$ を解いてみよう．左辺に y，右辺に x を集めて $\dfrac{y'}{y} = 2x$ とし，この両辺を x で積分して，

$$\int \frac{y'}{y}\,dx = \int 2x\,dx$$

左辺は置換積分で $\int \dfrac{dy}{y}$ なので，

$$\log|y| = x^2 + C_1 \qquad (C_1 \text{ は積分定数})$$

を得る．よって，$C = \pm e^{C_1}$ とおいて，

$$y = Ce^{x^2}$$

と解ける．

一般に，$y' = f(x)g(y)$ の形の微分方程式は，この方法で解ける．

例題 3.10（カテナリー） 微分方程式 $y'' = \dfrac{1}{a}\sqrt{1 + (y')^2}$ を解け．

《解》 $p = y'$ とおいて，まず，$p' = \dfrac{1}{a}\sqrt{1 + p^2}$ を解く．

$\dfrac{p'}{\sqrt{1+p^2}} = \dfrac{1}{a}$ の両辺を x で積分して，

$$\int \frac{p'\,dx}{\sqrt{1+p^2}} = \frac{1}{a}\int dx$$

左辺は $\int \dfrac{dp}{\sqrt{1+p^2}}$ となるので，例題 3.5 により，

3.4 簡単な微分方程式

$$\log\left(p + \sqrt{1+p^2}\right) = \frac{x}{a} + C_1 \qquad (C_1 \text{ は積分定数})$$

を得る．よって，

$$\sqrt{1+p^2} + p = e^{(x/a)+C_1}$$

ここで，

$$\sqrt{1+p^2} - p = \frac{1}{\sqrt{1+p^2}+p} = e^{-(x/a)-C_1}$$

となることから，

$$p = \frac{1}{2}\left\{e^{(x/a)+C_1} - e^{-(x/a)-C_1}\right\}$$

と解ける．$p = y'$ であったから，よって，

$$y = \frac{a}{2}\left\{e^{(x/a)+C_1} + e^{-(x/a)-C_1}\right\} + C_2$$
$$= a\cosh\left(\frac{x}{a} + C_1\right) + C_2 \qquad (C_2 \text{ は積分定数}) \qquad \square$$

例題 3.10 の微分方程式は，密度が一様なロープの両端を持ったとき，ロープの自重が各点の張力を決定することを表した微分方程式である．(101 ページの図 3.8 参照)

(b) 同 次 形

$y' = f\left(\dfrac{y}{x}\right)$ という形の微分方程式を考えてみよう．$y = xu$ とおいて代入すると，$xu' + u = f(u)$．よって，

$$u' = \frac{f(u) - u}{x}$$

と変数分離形にできる．これを u について解いて，$y = xu$ とすればよい．

(c) 1 階 線 形

$y' + P(x)y = R(x)$ という形の微分方程式を考えてみよう．$R(x) = 0$ であれば $y' + P(x)y = 0$ となって変数分離形だから，$\dfrac{y'}{y} = -P(x)$ の両辺を x で積分して，

$$\int \frac{dy}{y} = -\int P(x)\,dx$$

から，$y = Ce^{-\int P(x)dx}$ (C は定数) と解ける．

$R(x) = 0$ でないときは，この解 $y = Ce^{-\int P(x)dx}$ の定数 C を関数とみなしてもとの微分方程式に代入する．すると，

$$y' = C'e^{-\int P(x)dx} - P(x)Ce^{-\int P(x)dx}$$

となるので，

$$C'e^{-\int P(x)dx} - P(x)Ce^{-\int P(x)dx} + P(x)Ce^{-\int P(x)dx} = R(x)$$

となり，$C' = R(x)e^{\int P(x)dx}$ である．よって，

$$C = \int R(x)e^{\int P(x)dx}dx + C_1 \quad (C_1 \text{ は定数})$$

となり，$y' + P(x)y = R(x)$ の解は，

$$y = \left(\int R(x)e^{\int P(x)dx}dx + C_1\right)e^{-\int P(x)dx}$$

である．積分定数を関数と思って代入して解くこの方法を，**定数変化法**という．

例題 3.11 微分方程式 $y' - \dfrac{2}{x}y = x$ を解け．

《解》まず，$y' - \dfrac{2}{x}y = 0$ を解く．$\dfrac{y'}{y} = \dfrac{2}{x}$ の両辺を x で積分して

$$\int \frac{dy}{y} = \int \frac{2}{x}dx$$

より，$y = Cx^2$ (C は定数) となるが，この C を x の関数と思って，$y' - \dfrac{2}{x}y = x$ に代入すると，$C'x^2 + 2Cx - 2Cx = x$ より，$C' = \dfrac{1}{x}$ となるので，

$$C = \log|x| + C_1 \quad (C_1 \text{ は積分定数})$$

よって，求める解は

$$y = x^2 \log|x| + C_1 x^2 \quad (C_1 \text{ は定数}) \qquad \square$$

(d) 定数係数 2 階線形

$y'' + ay' + by = R(x)$ (a, b は定数) という形の微分方程式を考えてみよう．

3.4 簡単な微分方程式

まず，λ の 2 次方程式 $\lambda^2 + a\lambda + b = 0$ を解く．その根が

2 つの異なる実根 $\lambda_1, \lambda_2 \in \mathbb{R}$ **のとき** $y'' + ay' + by = 0$ の解は，

$$y = C_1 e^{\lambda_1 x} + C_2 e^{\lambda_2 x} \quad (C_1, C_2 \text{ は定数})$$

である．

1 つの実重根 $\lambda_0 \in \mathbb{R}$ **のとき** $y'' + ay' + by = 0$ の解は，

$$y = C_1 e^{\lambda_0 x} + C_2 x e^{\lambda_0 x} \quad (C_1, C_2 \text{ は定数})$$

である．

2 つの虚根 $p \pm qi \in \mathbb{C}$ **のとき** $y'' + ay' + by = 0$ の解は，

$$y = C_1 e^{px} \sin qx + C_2 e^{px} \cos qx \quad (C_1, C_2 \text{ は定数})$$

である．

$y'' + ay' + by = 0$ の解を $y = C_1 y_1 + C_2 y_2$ とするとき，$y'' + ay' + by = R(x)$ の解 y_0 を何か 1 つ見つければ，$y'' + ay' + by = R(x)$ のすべての解は $y = y_0 + C_1 y_1 + C_2 y_2$ と表される．

y_0 の見つけ方として，「2 階の場合の定数変化法」があるが，ここでは省略する．以下の例題のようにして見つけてみよう．

例題 3.12 微分方程式 $y'' + y = e^{3x}$ を解け．

《解》 まず，$\lambda^2 + 1 = 0$ を解くと，$\lambda = \pm i$ となるので，$y'' + y = 0$ の解は，$y = C_1 \sin x + C_2 \cos x$ (C_1, C_2 は定数) とわかる．

次に，$y'' + y = e^{3x}$ の解を 1 つ見つけるのであるが，$y = ae^{3x}$ と予想して，これを代入すると，

$$9ae^{3x} + ae^{3x} = e^{3x}$$

より，$a = \frac{1}{10}$ となって，$y = \frac{1}{10} e^{3x}$ が $y'' + y = e^{3x}$ の解 (の 1 つ) とわかる．

よって，一般解は，

$$y = \frac{1}{10} e^{3x} + C_1 \sin x + C_2 \cos x \quad (C_1, C_2 \text{ は定数})$$

である． □

例題 3.13 微分方程式 $y'' - y' - 2y = 2x^2 + 1$ を解け．

《解》 まず，$\lambda^2 - \lambda - 2 = 0$ を解くと，$\lambda = -1, 2$ となるので，$y'' - y' - 2y = 0$ の解は，$y = C_1 e^{-x} + C_2 e^{2x}$ (C_1, C_2 は定数) とわかる．

次に，$y'' - y' - 2y = 2x^2 + 1$ の解を1つ見つけるのであるが，$y = ax^2 + bx + c$ と予想して，これを代入すると，

$$2a - (2ax + b) - 2(ax^2 + bx + c) = 2x^2 + 1$$

より，$a = -1, b = 1, c = -2$ となって，$y = -x^2 + x - 2$ が $y'' - y' - 2y = 2x^2 + 1$ の解 (の1つ) とわかる．

よって，一般解は，

$$y = -x^2 + x - 2 + C_1 e^{-x} + C_2 e^{2x} \quad (C_1, C_2 \text{ は定数})$$

である． □

(e) **ベルヌイ型**

$y' + P(x)y + Q(x)y^n = 0$ という形の微分方程式を考えてみよう．

 (i) $n = 1$ のとき，変数分離形なので解ける．
 (ii) $n = 0$ のとき，1階線形なので，定数変化法などを使って解ける．
 (iii) $n \neq 0, 1$ のとき，$u = y^{1-n}$ とおく．$y = u^{1/(1-n)}$ より，

$$\frac{1}{1-n} u^{n/(1-n)} u' + P(x) u^{1/(1-n)} + Q(x) u^{n/(1-n)} = 0$$

よって，

$$u' + (1-n)P(x)u = (n-1)Q(x)$$

これは，u について1階線形であるから，定数変化法などを使って解けるので，$y = u^{1/(1-n)}$ の関係式から y が求まる．

(f) **オイラー型**

$x^2 y'' + axy' + by = R(x)$ (a, b は定数) という形の微分方程式を考えてみよう．

$x = e^t$ と変数変換すれば，

$$\frac{dy}{dx} = \frac{dy}{dt}\frac{dt}{dx} = \frac{1}{x}\frac{dy}{dt}$$

$$\frac{d^2y}{dx^2} = \frac{d}{dx}\left(\frac{1}{x}\frac{dy}{dt}\right) = \frac{1}{x^2}\frac{d^2y}{dt^2} - \frac{1}{x^2}\frac{dy}{dt}$$

より，

$$\frac{d^2y}{dt^2} + (a-1)\frac{dy}{dt} + by = R(e^t)$$

これは定数係数 2 階線形だから解ける．

3.5 定 積 分

関数 $f(x)$ は区間 $[a,b]$ で $f(x) \geq 0$ とする．区間 $[a,b]$ を

$$\Delta : a = x_0 < x_1 < \cdots < x_{n-1} < x_n = b$$

と分割して，

$$M_i = \sup\{f(x) \mid x_{i-1} \leq x \leq x_i\}$$
$$m_i = \inf\{f(x) \mid x_{i-1} \leq x \leq x_i\}$$
$$(i = 1, 2, \ldots, n)$$

とおき，

$$S(\Delta) = \sum_{i=1}^{n} M_i(x_i - x_{i-1})$$
$$s(\Delta) = \sum_{i=1}^{n} m_i(x_i - x_{i-1})$$

とする．

ここで，

$$|\Delta| = \max\{x_i - x_{i-1} \mid i = 1, 2, \ldots, n\}$$

とおくと，図 3.1 のように，$|\Delta| \to 0$ のとき，$\{S(\Delta)\}$ は減少し，$\{s(\Delta)\}$ は増加する．$S(\Delta) \geq s(\Delta)$ なので，$|\Delta| \to 0$ のとき，$\{S(\Delta)\}$, $\{s(\Delta)\}$ は収束する．

$$S = \lim_{|\Delta| \to 0} S(\Delta)$$
$$s = \lim_{|\Delta| \to 0} s(\Delta)$$

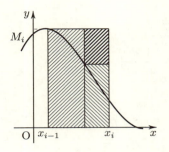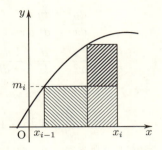

図 3.1 分割 Δ を細かくする

とおいたとき,$S = s$ ならば $f(x)$ は**積分可能**といい,この値を**定積分**

$$\int_a^b f(x)\,dx$$

とする.

例 3.4 $f(x) = \begin{cases} 1, & x \text{ は有理数} \\ -1, & x \text{ は無理数} \end{cases}$ とすると,$f(x)$ は $[0,1]$ で積分可能でない.なぜなら,すべての分割 Δ において,$M_i = 1$,$m_i = -1$ なので,$S(\Delta) = 1$,$s(\Delta) = -1$ となり,$S = 1$,$s = -1$ により $S \neq s$ だからである.

積分可能性については次の定理が知られているが,「一様連続」という概念を必要とするので証明は省略する.

定理 3.4 関数 $f(x)$ が区間 $[a,b]$ で連続ならば,$f(x)$ は $[a,b]$ で積分可能である.

定積分の定義より次のことが成り立つ.

定理 3.5 (1) $\displaystyle\int_a^b (pf(x) + qg(x))\,dx = p\int_a^b f(x)\,dx + q\int_a^b g(x)\,dx$

(2) $\displaystyle\int_a^b f(x)\,dx = \int_a^c f(x)\,dx + \int_c^b f(x)\,dx$

3.5 定 積 分

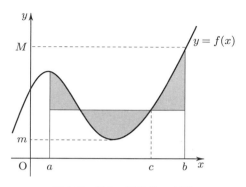

図 3.2　積分の平均値の定理

定理 3.6 (積分の平均値の定理)　関数 $f(x)$ が区間 $[a,b]$ で連続とするとき，
$$\int_a^b f(x)\,dx = f(c)(b-a)$$
を満たす $c \in (a,b)$ が存在する．

《証明》　$f(x)$ は $[a,b]$ で連続なので，定理 1.23 により，最大値 M と最小値 m をもち，$m \le f(x) \le M$ である．よって，

$$m(b-a) = \int_a^b m\,dx \le \int_a^b f(x)\,dx \le \int_a^b M\,dx = M(b-a)$$

より，

$$m \le \frac{1}{b-a}\int_a^b f(x)\,dx \le M$$

となるが，M, m は連続関数 $f(x)$ の最大値，最小値なので，中間値の定理 (定理 1.22) により，

$$\frac{1}{b-a}\int_a^b f(x)\,dx = f(c)$$

を満たす $c \in (a,b)$ が存在する．　∎

関数 $f(x)$ が区間 $[a,b]$ で積分可能のとき，$\int_a^b f(x)\,dx$ の b を動かして，これを関数と考える．つまり，関数

$$F(x) = \int_a^x f(t)\,dt \quad (a \le x \le b) \tag{3.1}$$

を考える.

> **定理 3.7 (微分積分学の基本定理)** 関数 $f(x)$ を閉区間 $[a,b]$ で連続とするとき, (3.1) の $F(x)$ は開区間 (a,b) で微分可能で,
> $$F'(x) = f(x)$$

《証明》 $h > 0$ とする. $f(x)$ に $[x, x+h] \subset [a,b]$ において積分の平均値の定理 (定理 3.6) を適用すると

$$\int_x^{x+h} f(t)\,dt = f(c)h$$

となる $c \in (x, x+h)$ が存在する. よって,

$$\frac{F(x+h) - F(x)}{h} = \frac{1}{h}\int_x^{x+h} f(t)\,dt = f(c)$$

である. $x < c < x+h$ より, $h \to 0$ のとき $c \to x$ なので,

$$\lim_{h \to 0} \frac{F(x+h) - F(x)}{h} = \lim_{c \to x} f(c) = f(x)$$

したがって, $F(x)$ は右側微分可能で, その右側微分係数は $f(x)$ に等しい.
$h < 0$ のときも同様にして, 左側微分係数は $f(x)$ に等しい. よって, 定理 2.1 により, $F'(x) = f(x)$ となる. ∎

上の定理より, $\int_a^x f(t)\,dt$ は連続関数 $f(x)$ の原始関数 (の 1 つ) である.

> **定理 3.8** $G(x)$ を連続関数 $f(x)$ の原始関数とすると,
> $$\int_a^b f(x)\,dx = G(b) - G(a) = \bigl[G(x)\bigr]_a^b$$

3.5 定積分

《証明》 $\int_a^x f(t)\,dt$ は $f(x)$ の原始関数だから，積分定数 C を用いて

$$\int_a^x f(t)\,dt = G(x) + C$$

とおける．ここで $x = a$ とおくと，$0 = G(a) + C$ より，$C = -G(a)$．よって，

$$\int_a^x f(t)\,dt = G(x) - G(a)$$

となる．$x = b$ とおいて

$$\int_a^b f(t)\,dt = G(b) - G(a)$$
■

定理 3.9 関数 $f(x)$ が区間 $[a,b]$ で積分可能ならば，$[a,b]$ の分割 Δ の小区間 $[x_{i-1}, x_i]$ の中の任意の点 c_i に対して

$$\lim_{|\Delta| \to 0} \sum_{i=1}^{n} f(c_i)(x_i - x_{i-1}) = \int_a^b f(x)\,dx$$

《証明》 M_i, m_i は $[x_{i-1}, x_i]$ における $f(x)$ の上限，下限だから，

$$m_i \leq f(c_i) \leq M_i$$

が成り立つ．よって，

$$\sum_{i=1}^{n} m_i(x_i - x_{i-1}) \leq \sum_{i=1}^{n} f(c_i)(x_i - x_{i-1}) \leq \sum_{i=1}^{n} M_i(x_i - x_{i-1})$$

となる．ここで，$f(x)$ は $[a,b]$ で積分可能だから，$|\Delta| \to 0$ として，

$$\int_a^b f(x)\,dx \leq \lim_{|\Delta| \to 0} \sum_{i=1}^{n} f(c_i)(x_i - x_{i-1}) \leq \int_a^b f(x)\,dx$$

よって，

$$\lim_{|\Delta| \to 0} \sum_{i=1}^{n} f(c_i)(x_i - x_{i-1}) = \int_a^b f(x)\,dx$$
■

このことを利用して，極限値を計算できることがある．

> **定理 3.10 (区分求積法)** 関数 $f(x)$ が区間 $[a,b]$ で積分可能ならば，
> $$\lim_{n\to\infty}\sum_{k=1}^{n}\frac{b-a}{n}f\left(a+\frac{k(b-a)}{n}\right)=\int_{a}^{b}f(x)\,dx$$

《証明》 定理 3.9 で，Δ として $[a,b]$ を n 等分して，$c_i=x_i=a+\dfrac{i(b-a)}{n}$ ととった場合である． ∎

例題 3.14 極限値 $\displaystyle\lim_{n\to\infty}\frac{1^\alpha+2^\alpha+\cdots+n^\alpha}{n^{\alpha+1}}$ を求めよ．$(\alpha>0)$

《解》
$$\lim_{n\to\infty}\frac{1^\alpha+2^\alpha+\cdots+n^\alpha}{n^{\alpha+1}}=\lim_{n\to\infty}\frac{1}{n}\sum_{k=1}^{n}\left(\frac{k}{n}\right)^\alpha$$
$$=\int_{0}^{1}x^\alpha\,dx=\frac{1}{\alpha+1} \qquad \square$$

3.6 定積分の応用

定積分の定義からもわかるように，区間 $[a,b]$ で $f(x)\geq 0$ のとき，$\displaystyle\int_{a}^{b}f(x)\,dx$ は $y=f(x)$ と x 軸，$x=a$，$x=b$ で囲まれた図形の面積を表す．$f(x)\leq 0$ のときは，$-f(x)\geq 0$ だから，$y=f(x)$ と x 軸，$x=a$，$x=b$ で囲まれた図形の面積は，$-\displaystyle\int_{a}^{b}f(x)\,dx$ となる．また，区間 $[a,b]$ で $f(x)\geq g(x)$ とするとき，$y=f(x)$ と $y=g(x)$，$x=a$，$x=b$ で囲まれた図形の面積は，$\displaystyle\int_{a}^{b}\{f(x)-g(x)\}\,dx$ となる．

一般に，次のようにまとめられる．

3.6 定積分の応用

定理 3.11 $f(x), g(x)$ を区間 $[a,b]$ で連続な関数とする．$y = f(x)$ と $y = g(x), x = a, x = b$ で囲まれた図形の面積は，
$$\int_a^b |f(x) - g(x)| \, dx$$
と表される．

求める区間で $y = f(x)$ と $y = g(x)$ のグラフのどちらが上にあるかを調べるのがポイントである．

例題 3.15 $y = \sin x$ と $y = \cos x, x = 0, x = 2\pi$ で囲まれた図形の面積を求めよ．

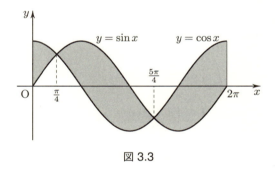

図 3.3

《解》 $0 \leq x \leq 2\pi$ の範囲で，$\sin x \geq \cos x$ となるのは $\frac{\pi}{4} \leq x \leq \frac{5\pi}{4}$ であり，$0 \leq x \leq \frac{\pi}{4}, \frac{5\pi}{4} \leq x \leq 2\pi$ では $\sin x \leq \cos x$ である．

よって，求める面積は，
$$\int_0^{\pi/4} (\cos x - \sin x) \, dx + \int_{\pi/4}^{5\pi/4} (\sin x - \cos x) \, dx + \int_{5\pi/4}^{2\pi} (\cos x - \sin x) \, dx$$
$$= \left[\sin x + \cos x\right]_0^{\pi/4} + \left[-\cos x - \sin x\right]_{\pi/4}^{5\pi/4} + \left[\sin x + \cos x\right]_{5\pi/4}^{2\pi}$$
$$= 4\sqrt{2} \qquad \square$$

グラフが $x = x(t), y = y(t)$ $(a \leq t \leq b)$ のようにパラメータ表示されているときは，次の例題のように置換積分を用いて計算できる．

例題 3.16 (サイクロイド) 曲線 $\begin{cases} x = x(t) = a(t - \sin t) \\ y = y(t) = a(1 - \cos t) \end{cases}$ $(0 \leq t \leq 2\pi)$ と x 軸とで囲まれた図形の面積を求めよ. $(a > 0)$

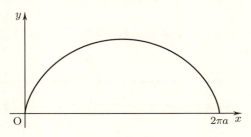

図 3.4　サイクロイド

《解》
$$\int_0^{2\pi a} y\,dx = \int_0^{2\pi} y(t) x'(t)\,dt$$
$$= \int_0^{2\pi} a(1 - \cos t) a(1 - \cos t)\,dt$$
$$= a^2 \int_0^{2\pi} \left(1 - 2\cos t + \frac{1 + \cos 2t}{2}\right) dt$$
$$= a^2 \left[t - 2\sin t + \frac{t + \frac{1}{2}\sin 2t}{2}\right]_0^{2\pi}$$
$$= 3\pi a^2 \qquad \square$$

定理 3.12 (曲線の長さ)　関数 $f(x)$ は区間 $[a, b]$ で C^1 級とする. $y = f(x)$ のグラフの $a \leq x \leq b$ における曲線の長さは

$$\int_a^b \sqrt{1 + (f'(x))^2}\,dx \tag{3.2}$$

で求められる.

3.6 定積分の応用

《証明》 曲線の長さを折れ線の長さの極限と考える．区間 $[a,b]$ を

$$\Delta : a = x_0 < x_1 < \cdots < x_{n-1} < x_n = b$$

と分割すると，求める曲線の長さは，

$$\sum_{i=1}^{n} \sqrt{(x_i - x_{i-1})^2 + (f(x_i) - f(x_{i-1}))^2}$$
$$= \sum_{i=1}^{n} \sqrt{1 + \left(\frac{f(x_i) - f(x_{i-1})}{x_i - x_{i-1}}\right)^2} (x_i - x_{i-1}) \tag{3.3}$$

の $|\Delta| \to 0$ における極限値である．平均値の定理により，

$$\frac{f(x_i) - f(x_{i-1})}{x_i - x_{i-1}} = f'(c_i)$$

を満たす $c_i \in (x_{i-1}, x_i)$ が存在する．$f'(x)$ が連続関数であることから $\sqrt{1 + (f'(x))^2}$ も連続関数であり，よって積分可能である．定理 3.9 により，$|\Delta| \to 0$ とするとき，(3.3) は (3.2) に収束する． ■

また，曲線が $x = x(t), y = y(t)$ $(a \leq t \leq b)$ のようにパラメータ表示されているとき，この曲線の $a \leq t \leq b$ における長さは (3.2) を置換積分で計算して，

$$\int_a^b \sqrt{(x'(t))^2 + (y'(t))^2} \, dt \tag{3.4}$$

で求められる．

例題 3.17 (サイクロイド) 曲線 $\begin{cases} x = a(t - \sin t) \\ y = a(1 - \cos t) \end{cases}$ $(0 \leq t \leq 2\pi)$ の長さを求めよ．$(a > 0)$

《解》
$$\int_0^{2\pi} \sqrt{\{a(1 - \cos t)\}^2 + \{a(\sin t)\}^2} \, dt = a \int_0^{2\pi} \sqrt{4\sin^2 \frac{t}{2}} \, dt$$
$$= 2a \left[-2\cos \frac{t}{2}\right]_0^{2\pi}$$
$$= 8a \qquad \square$$

定理 3.13 (カバリエリの原理) 座標空間内で定義された立体を平面 $x = t$ で切った切り口の面積を $S(t)$ とする. $S(x)$ が連続ならば, 立体の $a \leq x \leq b$ にある部分の体積 V は

$$V = \int_a^b S(x)\,dx \tag{3.5}$$

で与えられる.

《証明》 区間 $[a, b]$ を

$$\Delta : a = x_0 < x_1 < \cdots < x_{n-1} < x_n = b$$

と分割する. $S(x)$ は連続であるから, 定理 1.23 により, 閉区間 $[x_{i-1}, x_i]$ で, 最大値 M_i と最小値 m_i をもつ. 求める立体の $x_{i-1} \leq x \leq x_i$ の部分の体積を V_i とすると,

$$m_i(x_i - x_{i-1}) \leq V_i \leq M_i(x_i - x_{i-1})$$

である. よって,

$$m_i \leq \frac{V_i}{x_i - x_{i-1}} \leq M_i$$

となるが, M_i, m_i は区間 $[x_{i-1}, x_i]$ における連続関数 $S(x)$ の最大値, 最小値だから, 中間値の定理により,

$$\frac{V_i}{x_i - x_{i-1}} = S(c_i)$$

を満たす $c_i \in [x_{i-1}, x_i]$ が存在する. よって, 求める立体の体積 V は

$$\begin{aligned} V &= \sum_{i=1}^n V_i \\ &= \sum_{i=1}^n S(c_i)(x_i - x_{i-1}) \end{aligned} \tag{3.6}$$

と表される. $S(x)$ は連続関数であり, よって積分可能なので定理 3.9 により, $|\Delta| \to 0$ とするとき, (3.6) は (3.5) に収束する. ∎

3.7 広義積分

定理 3.14 (回転体の体積) 関数 $f(x)$ を区間 $[a, b]$ で連続とする. $y = f(x)$ のグラフを x 軸の周りに回転してできる立体の体積 V は

$$V = \pi \int_a^b (f(x))^2 \, dx$$

である.

《証明》 この立体を $x = t$ で切った切り口の面積は $\pi (f(t))^2$ なので, 定理 3.13 からわかる. ∎

例題 3.18 楕円 $\dfrac{x^2}{a^2} + \dfrac{y^2}{b^2} = 1$ を x 軸の周りに回転してできる立体の体積 V を求めよ.

《解》 $y^2 = b^2 \left(1 - \dfrac{x^2}{a^2}\right)$ だから,

$$V = \pi \int_{-a}^{a} b^2 \left(1 - \frac{x^2}{a^2}\right) dx$$

$$= \pi b^2 \left[x - \frac{x^3}{3a^2}\right]_{-a}^{a} = \frac{4}{3}\pi a b^2 \qquad \square$$

3.7 広義積分

関数 $f(x) = \dfrac{1}{\sqrt{x}}$ は $x = 0$ で定義されていないので, 定積分 $\displaystyle\int_0^1 \dfrac{dx}{\sqrt{x}}$ は 3.5 節のようには計算できない. そこで, $x = 0$ の近くを少し削って, $[\varepsilon, 1]$ の範囲で積分して, その後, $\varepsilon \downarrow 0$ として, 計算する.

$$\int_0^1 \frac{dx}{\sqrt{x}} = \lim_{\varepsilon \downarrow 0} \int_\varepsilon^1 \frac{dx}{\sqrt{x}}$$

$$= \lim_{\varepsilon \downarrow 0} \left[2\sqrt{x}\right]_\varepsilon^1$$

$$= \lim_{\varepsilon \downarrow 0} (2 - 2\sqrt{\varepsilon}) = 2$$

このようにして計算できるとき，**広義積分可能**という．

> **定理 3.15** $\displaystyle\int_0^1 \frac{dx}{x^\alpha}$ は $\alpha < 1$ のとき収束し，$\alpha \geq 1$ のとき発散する．

《証明》 $\alpha \leq 0$ のときは，普通の定積分で計算できて，

$$\int_0^1 \frac{dx}{x^\alpha} = \frac{1}{-\alpha+1}\left[x^{-\alpha+1}\right]_0^1 = \frac{1}{-\alpha+1}$$

$\alpha > 0$ のときは，$x = 0$ で $\dfrac{1}{x^\alpha}$ が定義されないので，広義積分を使う必要がある．$\alpha \neq 1$ のとき，

$$\begin{aligned}
\int_0^1 \frac{dx}{x^\alpha} &= \lim_{\varepsilon \downarrow 0} \int_\varepsilon^1 \frac{dx}{x^\alpha} \\
&= \lim_{\varepsilon \downarrow 0} \frac{1}{-\alpha+1}\left[x^{-\alpha+1}\right]_\varepsilon^1 \\
&= \lim_{\varepsilon \downarrow 0} \frac{1}{-\alpha+1}(1 - \varepsilon^{-\alpha+1})
\end{aligned}$$

これは，$-\alpha+1 < 0$ のとき発散し，$-\alpha+1 > 0$ のとき収束する．

$\alpha = 1$ のときは

$$\begin{aligned}
\int_0^1 \frac{dx}{x} &= \lim_{\varepsilon \downarrow 0} \int_\varepsilon^1 \frac{dx}{x} \\
&= \lim_{\varepsilon \downarrow 0} \left[\log |x|\right]_\varepsilon^1 \\
&= -\lim_{\varepsilon \downarrow 0} \log \varepsilon = \infty
\end{aligned}$$

より発散する．

以上より，$\alpha < 1$ のとき収束して $\displaystyle\int_0^1 \frac{dx}{x^\alpha} = \frac{1}{-\alpha+1}$，$\alpha \geq 1$ のとき発散する． ∎

積分範囲が有界でないときも，同様に極限をとって積分が収束するとき，広義積分と定義する．

3.7 広義積分

例 3.5 $\int_0^\infty e^{-x}\,dx$ は $x=0$ では問題ないが，$x=\infty$ での広義積分となる．そこで，$[0,M]$ の範囲で積分して，その後，$M\to\infty$ として，計算する．

$$\int_0^\infty e^{-x}\,dx = \lim_{M\to\infty}\int_0^M e^{-x}\,dx$$
$$= \lim_{M\to\infty}\left[-e^{-x}\right]_0^M$$
$$= \lim_{M\to\infty}(-e^{-M}+1) = 1$$

定理 3.16 $\int_1^\infty \dfrac{dx}{x^\alpha}$ は $\alpha>1$ のとき収束し，$\alpha\leq 1$ のとき発散する．

《証明》 $\alpha\neq 1$ のとき，

$$\int_1^\infty \frac{dx}{x^\alpha} = \lim_{M\to\infty}\int_1^M \frac{dx}{x^\alpha}$$
$$= \lim_{M\to\infty}\frac{1}{-\alpha+1}(M^{-\alpha+1}-1)$$

これは，$-\alpha+1<0$ のとき収束し，$-\alpha+1>0$ のとき発散する．

$\alpha=1$ のとき，

$$\int_1^\infty \frac{dx}{x} = \lim_{M\to\infty}\int_1^M \frac{dx}{x}$$
$$= \lim_{M\to\infty}\log M = \infty$$

より発散する．

以上より，$\alpha>1$ のとき収束して $\int_1^\infty \dfrac{dx}{x^\alpha} = \dfrac{1}{\alpha-1}$，$\alpha\leq 1$ のとき発散する． ∎

このことを利用して，定理 1.14 が証明できる．

《定理 1.14 の証明》 $\alpha\leq 0$ のときは $\dfrac{1}{n^\alpha}\geq 1$ なので，$\displaystyle\sum_{n=1}^\infty \dfrac{1}{n^\alpha}$ は発散する．

$\alpha>0$ のとき，

$$\sum_{n=2}^M \frac{1}{n^\alpha} < \int_1^M \frac{dx}{x^\alpha}$$

であり，$\alpha > 1$ のとき，$M \to \infty$ とすると右辺が収束するから，定理 1.12 により，$\sum_{n=2}^{\infty} \frac{1}{n^\alpha}$ も収束する．よって，$\sum_{n=1}^{\infty} \frac{1}{n^\alpha}$ は収束する．

一方，
$$\sum_{n=1}^{M} \frac{1}{n^\alpha} > \int_{1}^{M+1} \frac{dx}{x^\alpha}$$
であり，$\alpha \leq 1$ のとき，$M \to \infty$ とすると右辺が発散するから，$\sum_{n=1}^{\infty} \frac{1}{n^\alpha}$ も発散する． ∎

広義積分の収束に関して，定理 1.13 と同様に次の定理が成り立つ．(証明略)

定理 3.17 関数 $f(x)$ は区間 $[a,b]$ で連続とする．連続関数 $g(x)$ で次の条件 (1), (2) を満たすものが存在すれば，$f(x)$ は $[a,b]$ で広義積分可能である．

(1) $|f(x)| \leq g(x)$

(2) $\int_{a}^{b} g(x)\,dx$ は広義積分可能

例題 3.19 広義積分 $\displaystyle\int_{1}^{\infty} \frac{dx}{\sqrt{x^4+1}}$ が収束することを示せ．

《解》 $\dfrac{1}{\sqrt{x^4+1}} \leq \dfrac{1}{\sqrt{x^4}} = \dfrac{1}{x^2}$ であるが，$\displaystyle\int_{1}^{\infty} \frac{dx}{x^2}$ は収束するので，$\displaystyle\int_{1}^{\infty} \frac{dx}{\sqrt{x^4+1}}$ も収束する．(値はわからない．) □

例題 3.20 (ガンマ関数) 関数
$$\Gamma(s) = \int_{0}^{\infty} x^{s-1} e^{-x}\,dx$$
が $s > 0$ で収束することを示せ．

3.7 広義積分

《解》 まず,$\int_0^1 x^{s-1}e^{-x}dx$ を考える.

$0 < x < 1$ のとき $x^{s-1}e^{-x} < x^{s-1}$ であり,$\int_0^1 x^{s-1}dx$ は $s-1 > -1$ のとき収束することから,$s > 0$ のとき,$\int_0^1 x^{s-1}e^{-x}dx$ は収束する.

次に,$\int_1^\infty x^{s-1}e^{-x}dx$ を考える.

x が大きいとき,$x^{s-1}e^{-x} < e^{-x/2}$ であり,$\int_1^\infty e^{-x/2}dx$ は収束するので,(s によらず) $\int_1^\infty x^{s-1}e^{-x}dx$ は収束する.

以上より,$\Gamma(s)$ は $s > 0$ で定義できる. □

例題 3.21 (ベータ関数) 関数

$$B(p,q) = \int_0^1 x^{p-1}(1-x)^{q-1}dx$$

が $p > 0, q > 0$ で収束することを示せ.

《解》 まず,$\int_0^{1/2} x^{p-1}(1-x)^{q-1}dx$ を考える.$0 < x < \frac{1}{2}$ のとき $\frac{1}{2} < 1-x < 1$ なので,$q \geq 1$ のとき $(1-x)^{q-1} \leq 1$ であり,$0 < q < 1$ のとき $(1-x)^{q-1} \leq (\frac{1}{2})^{q-1} = 2^{1-q}$ である.そこで,$q \geq 1$ のとき $C = 1$,$0 < q < 1$ のとき $C = 2^{1-q}$ とおくと,

$$\int_0^{1/2} x^{p-1}(1-x)^{q-1}dx < C\int_0^{1/2} x^{p-1}dx$$

が成り立つ.右辺は $p-1 > -1$ のとき収束するので,$\int_0^{1/2} x^{p-1}(1-x)^{q-1}dx$ も $p > 0$ のとき収束する.

$\int_{1/2}^1 x^{p-1}(1-x)^{q-1}dx$ も同様に考えて,$q > 0$ のとき収束する. □

広義積分が
$$\int_a^\infty f(x)\,dx = \lim_{M\to\infty} \int_a^M f(x)\,dx$$
と定義されているのは，無限級数が
$$\sum_{n=1}^\infty a_n = \lim_{M\to\infty} \sum_{n=1}^M a_n$$
と定義されているのとよく似ている．定理 1.13 と定理 3.17 も似ているし，定理 1.14 と定理 3.16 は本質的に同じである．区分求積法もあるし，級数と積分の類似はほかにも多くみつけることができる．

実は，「測度」という概念を導入すると，級数は積分の特別な場合と考えることができるようになる．面白いことに，$\sum$ は sum (和) の頭文字 S のギリシャ文字であるが，$\int$ も S を単に引き延ばした記号だそうである．

3.8 フーリエ展開

$\sum_{n=0}^\infty (a_n \cos nx + b_n \sin nx)$ の形の級数を**フーリエ級数**という．($n=0$ のとき，a_0 は単に定数項を表している．b_0 は意味がない．)

フーリエ級数が収束するとき，
$$f(x) = \sum_{n=0}^\infty (a_n \cos nx + b_n \sin nx) \tag{3.7}$$
とおくと，$f(x)$ は周期 2π の周期関数になる．逆に，周期 2π の周期関数 $f(x)$ をフーリエ級数で表すことを考えてみよう．

(3.7) に $\cos mx, \sin mx$ を掛けて $[-\pi, \pi]$ で積分して，問題 3.16 を使って形式的に計算すると，
$$\begin{aligned}
&\int_{-\pi}^\pi f(x) \cos mx\,dx \\
&= \sum_{n=0}^\infty \left(a_n \int_{-\pi}^\pi \cos nx \cos mx\,dx + b_n \int_{-\pi}^\pi \sin nx \cos mx\,dx \right) \\
&= \begin{cases} \pi a_m, & m \neq 0 \\ 2\pi a_0, & m = 0 \end{cases}
\end{aligned}$$

3.8 フーリエ展開

$$\int_{-\pi}^{\pi} f(x) \sin mx \, dx$$
$$= \sum_{n=0}^{\infty} \left(a_n \int_{-\pi}^{\pi} \cos nx \sin mx \, dx + b_n \int_{-\pi}^{\pi} \sin nx \sin mx \, dx \right)$$
$$= \begin{cases} \pi b_m, & m \neq 0 \\ 0, & m = 0 \end{cases}$$

となることから，$n \geq 0$ で

$$a_n = \frac{1}{\pi} \int_{-\pi}^{\pi} f(x) \cos nx \, dx \tag{3.8}$$

$$b_n = \frac{1}{\pi} \int_{-\pi}^{\pi} f(x) \sin nx \, dx \tag{3.9}$$

とおくと，

$$f(x) = \frac{a_0}{2} + \sum_{n=1}^{\infty} (a_n \cos nx + b_n \sin nx) \tag{3.10}$$

となりそうだ，ということがわかる．

このことに関して，次の定理が知られている．(証明略)

定理 3.18 周期 2π の周数関数 $f(x)$ は，区間 $[-\pi, \pi]$ で不連続点を $x_1, x_2, \ldots, x_m$ の有限個しかもたず，それらの点以外では C^1 級とし，さらに，$\lim_{s \uparrow x_k} f(s), \lim_{t \downarrow x_k} f(t), \lim_{s \uparrow x_k} f'(s), \lim_{t \downarrow x_k} f'(t)$ がすべて存在するとする．

このとき，(3.8), (3.9) とおくと，フーリエ級数は収束し，

$$\frac{a_0}{2} + \sum_{n=1}^{\infty} (a_n \cos nx + b_n \sin nx) = \frac{1}{2} \left(\lim_{s \uparrow x} f(s) + \lim_{t \downarrow x} f(t) \right)$$

が成り立つ．

上の定理において，もし $f(x)$ が x で連続であれば，$\lim_{s \uparrow x} f(s) = \lim_{t \downarrow x} f(t) = f(x)$ であるので，(3.10) が成り立つ．

周期 2π の周数関数 $f(x)$ に対して，フーリエ級数 (3.10) を求めることを，**フーリエ展開**という．(3.8), (3.9) をそれぞれ，**フーリエ余弦係数**，**フーリエ正弦係数**という．これらに関して，次の性質が成り立つ．(証明略)

定理 3.19 (パーセバルの等式)

周期 2π の周期関数 $f(x)$ が $\int_{-\pi}^{\pi}(f(x))^2\,dx$ を満たすとき, (3.8), (3.9) に関して,

$$\frac{a_0^2}{2} + \sum_{n=1}^{\infty}(a_n^2 + b_n^2) = \frac{1}{\pi}\int_{-\pi}^{\pi}(f(x))^2\,dx \tag{3.11}$$

が成り立つ.

定義 3.1 関数 $f(x)$ が
$$f(-x) = f(x)$$
を満たすとき**偶関数**といい,
$$f(-x) = -f(x)$$
を満たすとき**奇関数**という.

問 13 すべての関数は偶関数と奇関数の和で表すことができることを示せ.

定理 3.20 (1) $f(x)$ が偶関数ならば, $a_n = \dfrac{2}{\pi}\int_0^{\pi} f(x)\cos nx\,dx$, $b_n = 0$ である.

(2) $f(x)$ が奇関数ならば, $a_n = 0$, $b_n = \dfrac{2}{\pi}\int_0^{\pi} f(x)\sin nx\,dx$ である.

《証明》 (1) $f(x)\cos nx$ は偶関数になるので,

$$\int_{-\pi}^{\pi} f(x)\cos nx\,dx = 2\int_0^{\pi} f(x)\cos nx\,dx$$

である. $f(x)\sin nx$ は奇関数になるので,

$$\int_{-\pi}^{\pi} f(x)\sin nx\,dx = 0$$

である.

(2) も同様である. ∎

3.8 フーリエ展開

例題 3.22 区間 $[-\pi, \pi]$ で,$f(x) = -|x| + \pi$ となっている周期 2π の周期関数 $f(x)$ のフーリエ展開を求めよ.

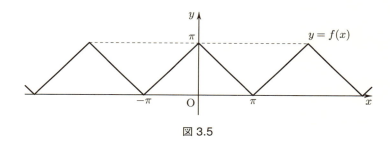

図 3.5

《解》 $f(x)$ は偶関数なので,定理 3.20 (1) により

$$a_0 = \frac{2}{\pi} \int_0^\pi (-x + \pi)\,dx = \pi$$

$$a_n = \frac{2}{\pi} \int_0^\pi (-x + \pi)\cos nx\,dx = \begin{cases} \dfrac{4}{n^2\pi}, & n\text{ が奇数} \\ 0, & n\text{ が偶数} \end{cases}, \quad n \geq 1$$

$$b_n = 0, \quad n \geq 1$$

である.$f(x)$ は連続関数なので,すべての x で

$$f(x) = \frac{\pi}{2} + \frac{4}{\pi} \sum_{n=1}^\infty \frac{\cos(2n-1)x}{(2n-1)^2} \tag{3.12}$$

となる. □

(3.12) で $x = 0$ とすると,

$$\pi = \frac{\pi}{2} + \frac{4}{\pi} \sum_{n=1}^\infty \frac{1}{(2n-1)^2}$$

となることから,

$$\sum_{n=1}^\infty \frac{1}{(2n-1)^2} = \frac{\pi^2}{8}$$

がわかる.また,

$$\sum_{n=1}^{\infty} \frac{1}{n^2} = \sum_{n=1}^{\infty} \frac{1}{(2n-1)^2} + \sum_{n=1}^{\infty} \frac{1}{(2n)^2}$$
$$= \frac{\pi^2}{8} + \frac{1}{4} \sum_{n=1}^{\infty} \frac{1}{n^2}$$

であり，$\sum_{n=1}^{\infty} \frac{1}{n^2}$ は例題 1.4 により収束するので，

$$\sum_{n=1}^{\infty} \frac{1}{n^2} = \frac{\pi^2}{6}$$

がわかる．

問 14 $\sum_{n=1}^{\infty} \frac{(-1)^{n+1}}{n^2} = \frac{\pi^2}{12}$ を示せ．

また，(3.12) にパーセバルの等式 (3.11) を使うと，

$$\frac{\pi^2}{2} + \frac{16}{\pi^2} \sum_{n=1}^{\infty} \frac{1}{(2n-1)^4} = \frac{2}{3}\pi^2$$

から，

$$\sum_{n=1}^{\infty} \frac{1}{(2n-1)^4} = \frac{\pi^4}{96}$$

がわかる．上と同様に

$$\sum_{n=1}^{\infty} \frac{1}{n^4} = \sum_{n=1}^{\infty} \frac{1}{(2n-1)^4} + \sum_{n=1}^{\infty} \frac{1}{(2n)^4}$$
$$= \frac{\pi^4}{96} + \frac{1}{16} \sum_{n=1}^{\infty} \frac{1}{n^4}$$

であり，$\sum_{n=1}^{\infty} \frac{1}{n^4}$ は定理 1.14 により収束するので，

$$\sum_{n=1}^{\infty} \frac{1}{n^4} = \frac{\pi^4}{90}$$

もわかる．

例題 3.23 区間 $[-\pi, \pi]$ で, $f(x) = \begin{cases} -x-\pi, & -\pi \leq x < 0 \\ -x+\pi, & 0 \leq x \leq \pi \end{cases}$ となっている周期 2π の周期関数 $f(x)$ のフーリエ展開を求めよ.

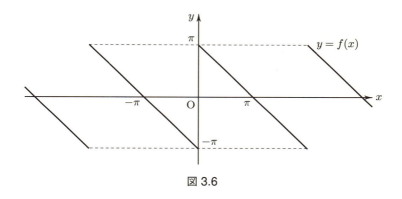

図 3.6

《解》 $f(x)$ は奇関数なので, 定理 3.20 (2) により

$$a_n = 0, \quad n \geq 0$$
$$b_n = \frac{2}{\pi} \int_0^\pi (-x+\pi) \sin nx \, dx = \frac{2}{n}, \quad n \geq 1$$

である. $x \neq 2m\pi \ (m \in \mathbb{Z})$ で $f(x)$ は連続なので,

$$f(x) = 2 \sum_{n=1}^\infty \frac{\sin nx}{n}$$

となる. □

関数 $f(x)$ が区間 $[0, \pi]$ で定義されているとき, $f(x)$ を偶関数として周期 2π の周期関数に拡張したものをフーリエ展開することを, **フーリエ余弦展開**という. このとき,

$$f(x) = \frac{a_0}{2} + \sum_{n=1}^\infty a_n \cos nx$$

となる. また, $[0, \pi]$ で定義されている $f(x)$ を奇関数として周期 2π の周期関数に拡張したものをフーリエ展開することを, **フーリエ正弦展開**という. この

とき,
$$f(x) = \sum_{n=1}^{\infty} b_n \sin nx$$
となる.

例題 3.22 は, 関数 $f(x) = -x + \pi$ ($0 \leq x \leq \pi$) に対するフーリエ余弦展開, 例題 3.23 は同じ $f(x)$ に対するフーリエ正弦展開である.

> 線形代数で習ったことであるが, 任意の n 次元ベクトル $\boldsymbol{x}$ は基本ベクトル $\{\boldsymbol{e}_1, \boldsymbol{e}_2, \ldots, \boldsymbol{e}_n\}$ の 1 次結合
> $$\boldsymbol{x} = c_1\boldsymbol{e}_1 + c_2\boldsymbol{e}_2 + \cdots + c_n\boldsymbol{e}_n \qquad (3.13)$$
> で表せる. 2 つのベクトル $\boldsymbol{u}$ と $\boldsymbol{v}$ の内積を $(\boldsymbol{u}, \boldsymbol{v})$ とすると, $\{\boldsymbol{e}_1, \boldsymbol{e}_2, \ldots, \boldsymbol{e}_n\}$ が
> $$(\boldsymbol{e}_i, \boldsymbol{e}_j) = \delta_{ij} = \begin{cases} 1, & i = j \\ 0, & i \neq j \end{cases} \qquad (3.14)$$
> を満たしていることを利用して, (3.13) の両辺に $\boldsymbol{e}_k$ ($k = 1, 2, \ldots, n$) との内積をとると
> $$c_k = (\boldsymbol{x}, \boldsymbol{e}_k) \qquad (k = 1, 2, \ldots, n) \qquad (3.15)$$
> がわかる.
>
> フーリエ級数もこれと同じで, 周期 2π の周期関数の『内積』を
> $$(f, g) = \int_{-\pi}^{\pi} f(x) g(x) \frac{dx}{\pi}$$
> と定義すると,
> $$\left\{ \frac{1}{\sqrt{2}}, \cos x, \sin x, \cos 2x, \sin 2x, \cos 3x, \sin 3x, \ldots \right\} \qquad (3.16)$$
> は (3.14) の性質を満たすので, 基本ベクトル $\{\boldsymbol{e}_1, \boldsymbol{e}_2, \ldots, \boldsymbol{e}_n\}$ に相当する. よって, (3.8), (3.9) は (3.15) に相当し, (3.10) が成り立つ.
>
> n 次元ベクトル空間では基本ベクトルが n 個なので n 次元なのであるが, フーリエ展開の場合は, (3.16) が無限個の元をもつので, 無限次元空間と考えることができる. n 次元ベクトル空間で基本ベクトルが n 個あること, つまり, 基本ベクトルが基底として全部あることは, この無限次元

空間においては，(3.16) がパーセバルの等式 (3.11) を満たすことと対応している．

さらに一般に，関数空間の『内積』を

$$(f, g) = \int_a^b f(x)g(x)w(x)\,dx$$

($w(x)$ は $\dfrac{1}{\pi}$ の部分を拡張したことに相当) と定義したとき，$\{\varphi_1(x), \varphi_2(x), \dots\}$ が $(\varphi_i, \varphi_j) = \delta_{ij}$ とパーセバルの等式

$$\sum_{k=1}^\infty |(f, \varphi_k)|^2 = (f, f)$$

を満たすならば，$(f, f) < \infty$ を満たす任意の関数 $f(x)$ は，

$$f(x) = \sum_{k=1}^\infty (f, \varphi_k)\varphi_k(x)$$

と表されることが知られている．

第3章の演習問題

[A]

問題 3.1 次の不定積分を部分積分法を用いて計算せよ．

(1) $\displaystyle\int x \sin x\,dx$ (2) $\displaystyle\int x e^{-2x}\,dx$

(3) $\displaystyle\int x^3 \log x\,dx$ (4) $\displaystyle\int \log(x+1)\,dx$

(5) $\displaystyle\int (\log x)^2\,dx$ (6) $\displaystyle\int \arctan x\,dx$

(7) $\displaystyle\int x \arctan x\,dx$ (8) $\displaystyle\int x^2 e^{-x}\,dx$

(9) $\displaystyle\int x^2 \sin x\,dx$ (10) $\displaystyle\int e^{-x} \sin x\,dx$

(11) $\displaystyle\int x \cos x\,dx$ (12) $\displaystyle\int x e^x\,dx$

(13) $\displaystyle\int x^2 \log x\,dx$ (14) $\displaystyle\int x \log|2x+1|\,dx$

(15) $\displaystyle\int \dfrac{\log|x|}{x^2}\,dx$ (16) $\displaystyle\int (2x+1)\sin x\,dx$

(17) $\displaystyle\int x\sin 2x\,dx$ (18) $\displaystyle\int (2x+1)e^{-x}\,dx$

(19) $\displaystyle\int x^2\cos x\,dx$ (20) $\displaystyle\int e^{ax}\sin bx\,dx$

問題 3.2 次の不定積分を置換積分法を用いて計算せよ．

(1) $\displaystyle\int 2x(x^2+1)^3\,dx$ (2) $\displaystyle\int x^2(x^3+1)^2\,dx$

(3) $\displaystyle\int x\sqrt{x^2-1}\,dx$ (4) $\displaystyle\int \sin^3 x\cos x\,dx$

(5) $\displaystyle\int \frac{\tan x}{\cos^2 x}\,dx$ (6) $\displaystyle\int \frac{(\log x)^2}{x}\,dx$

(7) $\displaystyle\int \frac{x+2}{x^2+4x+1}\,dx$ (8) $\displaystyle\int \frac{\sin x}{1-\cos x}\,dx$

(9) $\displaystyle\int \frac{e^x}{e^x-1}\,dx$ (10) $\displaystyle\int \frac{4x^3}{(x^4+1)^2}\,dx$

(11) $\displaystyle\int \frac{x}{\sqrt{(x^2+1)^3}}\,dx$ (12) $\displaystyle\int x\tan(x^2)\,dx$

(13) $\displaystyle\int x\sqrt{1-2x}\,dx$ (14) $\displaystyle\int \frac{x}{\sqrt{1-2x}}\,dx$

(15) $\displaystyle\int \sqrt{e^x+1}\,dx$ (16) $\displaystyle\int \frac{dx}{e^x-1}$

(17) $\displaystyle\int (2x+1)(x^2+x+1)^2\,dx$ (18) $\displaystyle\int x\left(x^2+3\right)^5 dx$

(19) $\displaystyle\int x^5\left(x^3+3\right)^{3/2} dx$ (20) $\displaystyle\int \frac{x}{\sqrt[3]{2x+3}}\,dx$

(21) $\displaystyle\int \frac{\log|x|}{x}\,dx$ (22) $\displaystyle\int \frac{\cos x}{1+\sin x}\,dx$

(23) $\displaystyle\int \cos^3 x\,dx$ (24) $\displaystyle\int \frac{dx}{\sin x}$

(25) $\displaystyle\int \frac{dx}{1+\cosh x}$ (26) $\displaystyle\int \frac{dx}{e^x+1}$

問題 3.3 次の有理関数の不定積分を計算せよ．

(1) $\displaystyle\int \frac{dx}{x^2+2x}$ (2) $\displaystyle\int \frac{5x-4}{2x^2+x-6}\,dx$

(3) $\displaystyle\int \frac{x-1}{(x+1)^2}\,dx$ (4) $\displaystyle\int \frac{dx}{x^2+3}$

(5) $\displaystyle\int \frac{dx}{x^2+x+1}$ (6) $\displaystyle\int \frac{dx}{9x^2+12x+5}$

(7) $\displaystyle\int \frac{dx}{x(x^2+1)}$ (8) $\displaystyle\int \frac{dx}{x^3-1}$

(9) $\displaystyle\int \frac{dx}{x^3+x^2+x+1}$ (10) $\displaystyle\int \frac{4x^2}{x^4-16}\,dx$

(11) $\displaystyle\int \frac{4x^3-16}{x^4-16}\,dx$ (12) $\displaystyle\int \frac{x^3-3x+3}{(x-2)^2(x^2+1)}\,dx$

(13) $\displaystyle\int \frac{(x+1)(x^2+1)}{x^2(x^2+4)}\,dx$ (14) $\displaystyle\int \frac{dx}{x^3(x^2+1)}$

(15) $\displaystyle\int \frac{dx}{x^2(x^2+1)^2}$ (16) $\displaystyle\int \frac{2x}{x^4+1}\,dx$

(17) $\displaystyle\int \frac{dx}{x^2-a^2}\quad (a>0)$ (18) $\displaystyle\int \frac{dx}{x^2+a^2}\quad (a>0)$

問題 3.4 次の不定積分を計算せよ．

(1) $\displaystyle\int \frac{dx}{\sqrt{x^2+2x+2}}$ (2) $\displaystyle\int \frac{dx}{\sqrt{x^2+x+1}}$

(3) $\displaystyle\int \frac{dx}{\sqrt{x^2+2x}}$ (4) $\displaystyle\int \frac{dx}{\sqrt{2x-x^2}}$

(5) $\displaystyle\int \tan^2 x\,dx$ (6) $\displaystyle\int \frac{\cos^2 x}{1+\cos x}\,dx$

(7) $\displaystyle\int \frac{\sin x}{1+\sin x}\,dx$ (8) $\displaystyle\int \frac{dx}{1+\sin x+\cos x}$

(9) $\displaystyle\int \frac{dx}{(x^2+a^2)^{3/2}}\quad (a>0)$ (10) $\displaystyle\int \frac{dx}{\sqrt{(x-\alpha)(x-\beta)}}\quad (\alpha\neq\beta)$

(11) $\displaystyle\int \sqrt{a^2-x^2}\,dx\quad (a>0)$ (12) $\displaystyle\int \frac{dx}{\sqrt{(\alpha-x)(x-\beta)}}\quad (\alpha\neq\beta)$

問題 3.5 次の漸化式が成り立つことを示せ．

(1) $I_n = \displaystyle\int x^n e^x\,dx$ のとき，$I_n = x^n e^x - nI_{n-1}$

(2) $I_n = \displaystyle\int (\log x)^n\,dx$ のとき，$I_n = x(\log x)^n - nI_{n-1}$

(3) $I_n = \displaystyle\int \tan^n x\,dx$ のとき，$I_n = \dfrac{1}{n-1}\tan^{n-1}x - I_{n-2}$

問題 3.6 次の微分方程式を解け．

(1) $y' = \dfrac{y}{x}$ (2) $y' = \dfrac{x}{y}$

(3) $y' = \dfrac{\cos^2 y}{\sin^2 x}$ (4) $y' = \dfrac{2xy}{x^2-y^2}$

(5) $y' - y = \sin x$ 　　　　(6) $y' - \dfrac{y}{x} = x \log x$

(7) $y' - \dfrac{2y}{x} = x$ 　　　　(8) $y' + \dfrac{y}{x} = e^x$

(9) $y' + \dfrac{2}{2x+1}y = \dfrac{1}{x^2(x^2+1)}$ 　　(10) $y'' - 3y' + 2y = e^{3x}$

(11) $y'' - 2y' + y = x$ 　　　　(12) $y'' + 4y' + 5y = -e^{-2x}$

(13) $y'' - y = \sin x$ 　　　　(14) $y' + y - xy^3 = 0$

(15) $x^3 y' - x^2 y + y^4 \cos x = 0$ 　　(16) $x^2 y'' - 4xy' + 6y = 2x$

問題 3.7 $f(x)$ を連続関数とするとき，次を示せ．ただし，a は定数とする．

(1) $\displaystyle\int_0^{\pi/2} f(\sin x)\,dx = \int_0^{\pi/2} f(\cos x)\,dx$

(2) $\displaystyle\int_0^\pi x f(\sin x)\,dx = \dfrac{\pi}{2} \int_0^\pi f(\sin x)\,dx$

(3) $\displaystyle\int_0^a f(x)\,dx = a \int_0^1 f(ax)\,dx$

(4) $\displaystyle\int_0^a f(x)\,dx = \int_0^a f(a-x)\,dx$

(5) $\displaystyle\int_0^a f(x)\,dx = \int_0^{a/2} (f(x) + f(a-x))\,dx$

(6) $\displaystyle\int_1^2 f\left(x^2 + \dfrac{4}{x^2}\right) \dfrac{dx}{x} = \int_1^4 f\left(x + \dfrac{4}{x}\right) \dfrac{dx}{2x}$

(7) $\displaystyle\int_1^2 f\left(x^2 + \dfrac{4}{x^2}\right) \dfrac{dx}{x} = \int_1^2 f\left(x + \dfrac{4}{x}\right) \dfrac{dx}{x}$

問題 3.8 $f(x)$ を連続関数とするとき，次を求めよ．

(1) $\displaystyle\lim_{x \to 1} \dfrac{1}{x-1} \int_1^x f(t)\,dt$ 　　(2) $\dfrac{d}{dx} \displaystyle\int_1^x f(t^2)\,dt$ 　　(3) $\dfrac{d}{dx} \displaystyle\int_0^{x^2} f(t)\,dt$

(4) $\dfrac{d}{dx} \displaystyle\int_{-x}^x f(2t)\,dt$ 　　(5) $\dfrac{d}{dx} \displaystyle\int_x^{x^2} f(t)\,dt$

問題 3.9 次の極限値を求めよ．

(1) $\displaystyle\lim_{n \to \infty} \dfrac{1}{n} \sum_{k=1}^n \sin \dfrac{k\pi}{n}$ 　　(2) $\displaystyle\lim_{n \to \infty} \sum_{k=0}^{n-1} \dfrac{1}{\sqrt{2n^2 - k^2}}$

(3) $\displaystyle\lim_{n \to \infty} \dfrac{1}{\sqrt{n}} \sum_{k=1}^n \dfrac{1}{\sqrt{n+k}}$ 　　(4) $\displaystyle\lim_{n \to \infty} \dfrac{1}{n^2} \sum_{k=1}^{n-1} \sqrt{n^2 - k^2}$

(5) $\displaystyle\lim_{n \to \infty} \sum_{k=1}^{2n} \dfrac{1}{n+2k}$ 　　(6) $\displaystyle\lim_{n \to \infty} \sum_{k=1}^{3n} \dfrac{1}{2n+k}$

(7) $\displaystyle\lim_{n\to\infty}\sum_{k=1}^{n}\frac{2}{2n+2k-1}$ (8) $\displaystyle\lim_{n\to\infty}\frac{1}{n}\left\{\frac{(2n)!}{n!}\right\}^{1/n}$

問題 3.10 次の曲線で囲まれた図形の面積を求めよ．ただし，$a,b>0$ とする．

(1) $y=x^3-x$ と x 軸

(2) （楕円） $\dfrac{x^2}{a^2}+\dfrac{y^2}{b^2}=1$

(3) （アステロイド） $\begin{cases} x=x(t)=a\cos^3 t \\ y=y(t)=a\sin^3 t \end{cases}$ $(0\leq t\leq 2\pi)$

問題 3.11 次の曲線の長さを求めよ．ただし，$a>0$ とする．

(1) （放物線） $y=x^2\ (0\leq x\leq 1)$

(2) （アステロイド） $\begin{cases} x=x(t)=a\cos^3 t \\ y=y(t)=a\sin^3 t \end{cases}$ $(0\leq t\leq 2\pi)$

(3) （カテナリー） $y=a\cosh\dfrac{x}{a}\ (-a\leq x\leq a)$

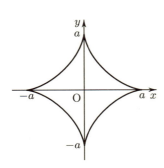
図 3.7 アステロイド

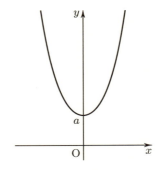
図 3.8 カテナリー

問題 3.12 次の曲線を x 軸の周りに回転してできる立体の体積を求めよ．ただし，$a>0$ とする．

(1) $y=\sin x\ (0\leq x\leq \pi)$

(2) （サイクロイド） $\begin{cases} x=x(t)=a(t-\sin t) \\ y=y(t)=a(1-\cos t) \end{cases}$ $(0\leq t\leq 2\pi)$

(3) （アステロイド） $\begin{cases} x=x(t)=a\cos^3 t \\ y=y(t)=a\sin^3 t \end{cases}$ $(0\leq t\leq 2\pi)$

問題 3.13 次の広義積分を計算せよ．

(1) $\displaystyle\int_{-1}^{1} \frac{dx}{\sqrt{|x|}}$
(2) $\displaystyle\int_{0}^{1} \frac{x^2}{\sqrt{1-x^3}}\,dx$
(3) $\displaystyle\int_{0}^{1} \log x\,dx$
(4) $\displaystyle\int_{0}^{1} (\log x)^2\,dx$
(5) $\displaystyle\int_{0}^{\infty} \frac{dx}{x^2+4}$
(6) $\displaystyle\int_{0}^{\infty} \frac{dx}{(x^2+1)^2}$
(7) $\displaystyle\int_{0}^{\infty} \frac{dx}{1+x+x^2}$
(8) $\displaystyle\int_{0}^{\infty} \frac{dx}{x^3+x^2+x+1}$
(9) $\displaystyle\int_{0}^{\infty} xe^{-x}\,dx$
(10) $\displaystyle\int_{0}^{\infty} xe^{-x^2}\,dx$
(11) $\displaystyle\int_{0}^{\infty} \frac{dx}{e^x+e^{-x}}$
(12) $\displaystyle\int_{1}^{\infty} \frac{\log x}{x^2}\,dx$
(13) $\displaystyle\int_{0}^{\infty} e^{-x}\sin x\,dx$
(14) $\displaystyle\int_{1}^{\infty} \frac{\arctan x}{x^2}\,dx$

問題 3.14 次の広義積分が発散するか収束するか調べよ．

(1) $\displaystyle\int_{0}^{1} \frac{e^x}{x}\,dx$
(2) $\displaystyle\int_{0}^{1} \frac{e^{-x}}{\sqrt{x}}\,dx$
(3) $\displaystyle\int_{1}^{\infty} \frac{x}{x^3+1}\,dx$
(4) $\displaystyle\int_{1}^{\infty} \frac{\sin x}{x^2}\,dx$
(5) $\displaystyle\int_{1}^{e} \frac{dx}{\log x}$
(6) $\displaystyle\int_{0}^{\pi/2} \frac{dx}{\sqrt{\sin x}}$

問題 3.15 $s > 0, p > 0, q > 0$ とする．ベータ関数，ガンマ関数に関する次の式を示せ．

(1) $\Gamma(s+1) = s\Gamma(s)$
(2) n を自然数とするとき，$\Gamma(n) = (n-1)!$
(3) $B(p, q) = B(q, p)$
(4) $B(p, q+1) = \dfrac{q}{p} B(p+1, q)$
(5) $B(p, q) = \dfrac{1}{2^{p+q-1}} \displaystyle\int_{-1}^{1} (1+x)^{p-1}(1-x)^{q-1}\,dx$
(6) $B(p, q) = \displaystyle\int_{0}^{\infty} \dfrac{x^{p-1}}{(1+x)^{p+q}}\,dx$
(7) $B(p, q) = 2\displaystyle\int_{0}^{\pi/2} \sin^{2p-1}\theta \cos^{2q-1}\theta\,d\theta$

問題 3.16 次の定積分を計算せよ．ただし，m, n は 0 以上の整数とする．

(1) $\displaystyle\int_{0}^{2\pi} \cos^2 mx\,dx$
(2) $\displaystyle\int_{0}^{2\pi} \sin^2 mx\,dx$

(3) $\displaystyle\int_0^{2\pi} \sin mx \cos nx \, dx$

(4) $\displaystyle\int_0^{2\pi} \cos mx \cos nx \, dx \ (m \neq n)$

(5) $\displaystyle\int_0^{2\pi} \sin mx \sin nx \, dx \ (m \neq n)$

問題 3.17 次の関数 $f(x)$ のフーリエ展開を求めよ．ただし，$f(x)$ は周期 2π の周期関数になるように拡張されているものとする．

(1) $f(x) = x,\ -\pi < x \leq \pi$

(2) $f(x) = |x|,\ -\pi \leq x \leq \pi$

(3) $f(x) = \begin{cases} 1, & |x| \leq \frac{\pi}{2} \\ 0, & \frac{\pi}{2} < |x| \leq \pi \end{cases}$

(4) $f(x) = \begin{cases} 1, & 0 < x \leq \pi \\ -1, & -\pi < x \leq 0 \end{cases}$

(5) $f(x) = \dfrac{\pi - x}{2},\ 0 \leq x < 2\pi$

(6) $f(x) = x^2,\ -\pi \leq x \leq \pi$

(7) $f(x) = \cos \alpha x,\ -\pi \leq x \leq \pi$ (ただし，$\alpha \notin \mathbb{Z}$)

(8) $f(x) = \cosh x,\ -\pi \leq x \leq \pi$

[B]

問題 3.18 (1) 関数 $f(x)$ が区間 $[a, b]$ で積分可能ならば，$|f(x)|$ も $[a, b]$ で積分可能であり，
$$\int_a^b f(x) \, dx \leq \int_a^b |f(x)| \, dx$$
が成り立つことを示せ．

(2) $|f(x)|$ は積分可能であるが，$f(x)$ は積分可能ではないような例をあげよ．

問題 3.19 n を自然数とする．連続関数 $f(x)$ は区間 $[0, n+1]$ で単調増加とするとき，
$$\sum_{k=1}^n f(k) = \int_a^{n+a} f(x) \, dx$$
を満たす $a \in (0, 1)$ が存在することを示せ．

問題 3.20 (テイラーの定理 IV) $f(x)$ を C^n 級とする．このとき，(2.4) において
$$R_n = \int_a^x \frac{(x-t)^{n-1}}{(n-1)!} f^{(n)}(t)\,dt$$
と書けることを示せ．

問題 3.21 整級数で定義された関数 $f(x) = \sum_{n=0}^{\infty} \binom{a}{n} x^n$ を考える．ただし，a は実数とする．
(1) 右辺の整級数の収束半径を求めよ．
(2) 収束半径の内部で $f'(x)$ を求め，$(x+1)f'(x) = af(x)$ を満たすことを示せ．
(3) (2) の微分方程式を解くことにより，$f(x)$ を求めよ．

問題 3.22 曲線が連続関数 $f(\theta)$ を用いて，$r = f(\theta)$ のように極座標表示されているとする．
(1) $r = f(\theta)$ と $\theta = a$, $\theta = b$ で囲まれた図形の面積 S は，
$$S = \frac{1}{2} \int_a^b (f(\theta))^2\,d\theta$$
で表せることを示せ．
(2) $r = f(\theta)$ の $a \leq \theta \leq b$ における曲線の長さ L は，
$$L = \int_a^b \sqrt{(f(\theta))^2 + (f'(\theta))^2}\,d\theta$$
で表せることを示せ．

問題 3.23 (カーヂオイド) 前問の結果を用いて，$r = a(1 + \cos\theta)$ $(0 \leq \theta \leq 2\pi)$ で表される曲線で囲まれた図形の面積とその曲線の長さを求めよ．

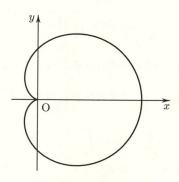

図 3.9 カーヂオイド

4
偏微分

ここまで,関数といえば,$y = f(x)$ のような 1 変数の関数であった.ここからは多変数の関数を扱う.つまり,$z = f(x,y)$ や $y = f(x_1, x_2, \ldots, x_n)$ のような関数である.3 変数以上の場合も同じようにできるので,本書では,主に 2 変数の場合を扱う.2 変数関数の場合,座標空間にグラフを描くことができるが,その形状が簡単にはわからないことが多い.それを調べるのに,これから学ぶ偏微分などを使うわけであるが,初めに,よく登場するいくつかの関数に関して,そのグラフをあげておく.

(**a**) 球
$x^2 + y^2 + z^2 = a^2 \ (a > 0)$ を満たす点 (x, y, z) の集合は,図 4.1 のような半径 a の球になる.x, y の 2 変数関数として,$z = f(x, y) = \sqrt{a^2 - x^2 - y^2}$ とすると,定義域は $\{(x, y) \mid x^2 + y^2 \leq a^2\}$ で,球の上半分になる.

(**b**) 楕円面
$\dfrac{x^2}{a^2} + \dfrac{y^2}{b^2} + \dfrac{z^2}{c^2} = 1 \ (a, b, c > 0)$ を満たす点 (x, y, z) の集合は,図 4.2 のような楕円面である.x, y の 2 変数関数として,$z = f(x, y) = c\sqrt{1 - \dfrac{x^2}{a^2} - \dfrac{y^2}{b^2}}$ とすると,定義域は $\left\{(x, y) \ \middle| \ \dfrac{x^2}{a^2} + \dfrac{y^2}{b^2} \leq 1\right\}$ で楕円面の上半分になる.

(**c**) 円錐面
$x^2 + y^2 - z^2 = 0$ を満たす点 (x, y, z) の集合は,図 4.3 のような円錐面である.x, y の 2 変数関数として,$z = f(x, y) = \sqrt{x^2 + y^2}$ とすると,定義域は xy 平面全体で,上の方の円錐になる.

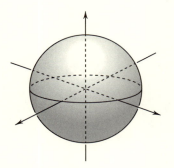

図 4.1　球：$x^2 + y^2 + z^2 = a^2$

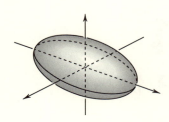

図 4.2　楕円面：$\dfrac{x^2}{a^2} + \dfrac{y^2}{b^2} + \dfrac{z^2}{c^2} = 1$

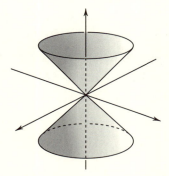

図 4.3　円錐面：$x^2 + y^2 - z^2 = 0$

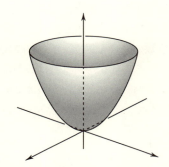

図 4.4　回転放物面：$x^2 + y^2 - z = 0$

(d) **回転放物面**

　$x^2 + y^2 - z = 0$ を満たす点 (x, y, z) の集合は，図 4.4 のような回転放物面である．x, y の 2 変数関数 $z = f(x, y) = x^2 + y^2$ の定義域は xy 平面全体である．

(e) **双曲放物面**

　$x^2 - y^2 - z = 0$ を満たす点 (x, y, z) の集合は，図 4.5 のような双曲放物面とよばれる図形である．x, y の 2 変数関数 $z = f(x, y) = x^2 - y^2$ の定義域は xy 平面全体である．

(f) **円　柱**

　$x^2 + y^2 = a^2 \; (a > 0)$ を満たす点 (x, y, z) の集合は，図 4.6 のような円柱である．x, y の 2 変数関数としては表されないが，このような x, y だけで表され

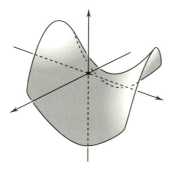
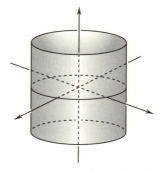

図 4.5　双曲放物面 : $x^2 - y^2 - z = 0$　　図 4.6　円柱 : $x^2 + y^2 = a^2$

た方程式を xyz 空間内の図形とみなすとき，xy 平面の平面曲線を上下に平行移動させた柱状の図形を表していると考える．

4.1　連続性

まず，2 変数関数の連続性について考えよう．

定義 4.1　点 (x, y) をどのように点 (a, b) に近づけても，$f(x, y)$ の値が α に近づくとき，
$$\lim_{(x,y) \to (a,b)} f(x, y) = \alpha$$
と書く．

この定義は，定義 1.10 と類似の定義であるが，点が 2 次元的に近づくので，1 変数のときとはかなり異なる．

例題 4.1　極限値 $\displaystyle \lim_{(x,y) \to (0,0)} \frac{xy}{x^2 + y^2}$ が存在すれば求めよ．

《解》　直線 $y = x$ に沿って，点 (x, y) が点 $(0, 0)$ に近づくとすると，
$$\lim_{(x,y) \to (0,0)} \frac{xy}{x^2 + y^2} = \lim_{x \to 0} \frac{x^2}{x^2 + x^2} = \lim_{x \to 0} \frac{1}{2} = \frac{1}{2}$$
となる．また，直線 $y = -x$ に沿って，点 (x, y) が点 $(0, 0)$ に近づくとすると，
$$\lim_{(x,y) \to (0,0)} \frac{xy}{x^2 + y^2} = \lim_{x \to 0} \frac{-x^2}{x^2 + x^2} = \lim_{x \to 0} \frac{-1}{2} = -\frac{1}{2}$$

となって，$\displaystyle\lim_{(x,y)\to(0,0)}\frac{xy}{x^2+y^2}$ の値は異なる．

よって，極限値 $\displaystyle\lim_{(x,y)\to(0,0)}\frac{xy}{x^2+y^2}$ は存在しない． □

例題 4.2 極限値 $\displaystyle\lim_{(x,y)\to(0,0)}\frac{xy}{\sqrt{x^2+y^2}}$ が存在すれば求めよ．

《解》 例題 4.1 では極限が存在しないので，近づき方が異なると極限値が異なることを示せばよかったが，極限が存在することを示したいときは，あらゆる近づき方で同じ極限値をもつことをいわなければならないので，直線 $y=mx$ を考えるのでは十分でない．そこで，極座標 $x=r\cos\theta, y=r\sin\theta$ とおく．すると，「$(x,y)\to(0,0)$」は「$r\downarrow 0$ (θ は自由)」となる．このとき

$$\lim_{(x,y)\to(0,0)}\frac{xy}{\sqrt{x^2+y^2}}=\lim_{r\downarrow 0}\frac{r^2\cos\theta\sin\theta}{\sqrt{r^2}}=\lim_{r\downarrow 0}r(\cos\theta\sin\theta)$$

となり，$|\cos\theta\sin\theta|\leq 1$ により，これは θ によらずに同じ極限値 0 をもつので，極限値 $\displaystyle\lim_{(x,y)\to(0,0)}\frac{xy}{\sqrt{x^2+y^2}}$ は存在して，$\displaystyle\lim_{(x,y)\to(0,0)}\frac{xy}{\sqrt{x^2+y^2}}=0$ である． □

極限が存在するかしないかで，上の 2 つの解法を使い分けるのは大変なので，極限が存在しない場合にも，極座標を用いて解答してもよい．

《例題 4.1 の別解》 極座標 $x=r\cos\theta, y=r\sin\theta$ とおくと，

$$\lim_{(x,y)\to(0,0)}\frac{xy}{x^2+y^2}=\lim_{r\downarrow 0}\frac{r^2\cos\theta\sin\theta}{r^2}=\lim_{r\downarrow 0}\cos\theta\sin\theta=\cos\theta\sin\theta$$

となり，θ によって極限値が異なるので，極限値 $\displaystyle\lim_{(x,y)\to(0,0)}\frac{xy}{x^2+y^2}$ は存在しない． □

定義 4.2 (2 変数関数の連続性) 2 変数関数 $f(x,y)$ が

$$\lim_{(x,y)\to(a,b)}f(x,y)=f(a,b)$$

を満たすとき，$f(x,y)$ は点 (a,b) で**連続**であるという．

4.2 全微分可能性

定理 4.1 関数 $f(x,y)$, $g(x,y)$ が点 (a,b) で連続のとき，$pf(x,y) + qg(x,y)$, $f(x,y)g(x,y)$ も点 (a,b) で連続であり，さらに $g(a,b) \neq 0$ のとき，$\dfrac{f(x,y)}{g(x,y)}$ も点 (a,b) で連続である．ただし，p, q は定数とする．

《証明》 定理 1.20 と同様である． ∎

定義 4.3 領域 D において，すべての $(a,b) \in D$ で関数 $f(x,y)$ が連続のとき，$f(x,y)$ は D で**連続**であるという．

例 4.1 $f(x,y) = \begin{cases} \dfrac{xy}{x^2+y^2}, & (x,y) \neq (0,0) \\ 0, & (x,y) = (0,0) \end{cases}$ は，点 $(0,0)$ で連続でない．($(0,0)$ 以外では連続である．)

例 4.2 $f(x,y) = \begin{cases} \dfrac{xy}{\sqrt{x^2+y^2}}, & (x,y) \neq (0,0) \\ 0, & (x,y) = (0,0) \end{cases}$ は，すべての点 (x,y), つまり，$\mathbb{R}^2$ 全体で連続である．

4.2 全微分可能性

次に，2 変数関数 $f(x,y)$ の点 (a,b) における微分を考えよう．

まず偏微分であるが，単純に $y = b$ と固定して，$f(x,b)$ を x の関数と思って，$x = a$ で微分する．正確な定義は次のようになる．

定義 4.4 (偏微分) 2 変数関数 $f(x,y)$ に対して，極限値

$$\lim_{h \to 0} \frac{f(a+h,b) - f(a,b)}{h}$$

が存在するとき，$f(x,y)$ は点 (a,b) で x に関して**偏微分可能**といい，この値を，$f_x(a,b)$ または $\dfrac{\partial f}{\partial x}(a,b)$ と書く．

同様に，極限値

$$\lim_{k \to 0} \frac{f(a, b+k) - f(a, b)}{k}$$

が存在するとき，$f(x, y)$ は点 (a, b) で y に関して**偏微分可能**といい，この値を，$f_y(a, b)$ または $\dfrac{\partial f}{\partial y}(a, b)$ と書く．

領域 D のすべての点 (x, y) で偏微分可能なとき，この (x, y) を領域 D 内を動かして，関数と考えることにより，$f_x(x, y)$ や $\dfrac{\partial f}{\partial y}(x, y)$ という関数を考えることができる．これを**偏導関数**という．

偏微分の定義は，1 変数の微分の定義 (定義 2.1) と同様なので，計算が容易である．例えば，x に関する $f(x, y)$ の偏導関数は，x 以外の文字を定数とみて，x だけの関数として微分すればよいので，第 2 章で学んだ計算公式が同じように使える．

例 4.3　$f(x, y) = x^2 y + 3xy^5 + \sin x \cos y$ に対して，

$$f_x(x, y) = \frac{\partial f}{\partial x}(x, y) = 2xy + 3y^5 + \cos x \cos y$$

$$f_y(x, y) = \frac{\partial f}{\partial y}(x, y) = x^2 + 15xy^4 - \sin x \sin y$$

問 15　次の関数の偏導関数を求めよ．
(1) $f(x, y) = e^{x^2 - y^2}$　　　　(2) $f(x, y) = \cos(xy)$

1 変数のとき，「微分可能ならば連続」という性質があった (定理 2.2)．2 変数でもこのような性質が成り立ってほしいが，残念ながら「偏微分可能ならば連続」は成り立たない．

例 4.4　$f(x, y) = \begin{cases} 0, & x = 0 \text{ または } y = 0 \\ 1, & \text{それ以外} \end{cases}$ は明らかに原点で不連続であるが，原点で x に関しても y に関しても偏微分可能である．

この例からも，偏微分は縦と横しか見ていないのだとわかる．そこで，斜めの方向で微分を考えてみる．

4.2 全微分可能性

定義 4.5 (方向微分)　$\boldsymbol{v} = (\alpha, \beta)$ を単位ベクトルとする．2 変数関数 $f(x,y)$ に対して，極限値

$$\lim_{h \downarrow 0} \frac{f(a+\alpha h, b+\beta h) - f(a,b)}{h}$$

が存在するとき，$f(x,y)$ は点 (a,b) で $\boldsymbol{v}$ 方向に**方向微分可能**という．この値を**方向微分係数**といい，$\dfrac{\partial f}{\partial \boldsymbol{v}}(a,b)$ と書く．

しかし，残念なことに，あらゆる方向で方向微分可能であるとしても連続であるとは限らない．

例 4.5　$f(x,y) = \begin{cases} 1, & 0 < y < x^2 \\ 0, & \text{それ以外} \end{cases}$ とすると，原点ですべての方向に方向微分可能であるが，原点で不連続である．

これは，連続性はあらゆる近づき方をするのに，方向微分は直線状に見ていることに起因する．そこで，1 変数の微分を異なる視点から見直してみる．

1 変数の関数 $f(x)$ が微分可能であるとは，極限値

$$\lim_{h \to 0} \frac{f(a+h) - f(a)}{h} = A$$

が存在することであった．つまり，

$$f(a+h) - f(a) = Ah + o(h) \quad (h \to 0)$$

を満たすような定数 A が存在するということである．このアイデアを 2 次元にして，次の定義を得る．

定義 4.6 (全微分可能)　関数 $f(x,y)$ の定義域内の点 (a,b) に対して，

$$f(a+h, b+k) - f(a,b) = Ah + Bk + o(\sqrt{h^2+k^2}) \quad ((h,k) \to (0,0)) \tag{4.1}$$

を満たす定数 A と B が存在するとき，$f(x,y)$ は点 (a,b) で**全微分可能**という．

これで，ようやく次の定理が成り立つ．

定理 4.2 関数 $f(x,y)$ は点 (a,b) で全微分可能ならば,その点で連続である.

《証明》 点 (a,b) で全微分可能とすると,
$$\lim_{(h,k)\to(0,0)} |f(a+h,b+k) - f(a,b)|$$
$$= \lim_{(h,k)\to(0,0)} \left|Ah + Bk + o\left(\sqrt{h^2+k^2}\right)\right| = 0$$
により,点 (a,b) で連続である. ∎

(4.1) における定数 A, B については次の定理が成り立つ.

定理 4.3 関数 $f(x,y)$ は点 (a,b) で全微分可能ならば偏微分可能であり,このとき $A = f_x(a,b)$, $B = f_y(a,b)$ である.

《証明》 (4.1) で $k=0$ とすると,$f(a+h,b) - f(a,b) = Ah + o(h)$ $(h \to 0)$ となるので
$$f_x(a,b) = \lim_{h\to 0}\frac{f(a+h,b) - f(a,b)}{h} = \lim_{h\to 0}\frac{Ah + o(h)}{h} = A$$
により,$f_x(a,b)$ は存在して A に等しい.B についても同様. ∎

全微分可能性の条件は難しそうだが,全微分可能であるための十分条件を,偏導関数を用いて与えることができる.

定理 4.4 2変数関数 $f(x,y)$ が点 (a,b) を含む開集合で偏微分可能で,$f_x(x,y)$ と $f_y(x,y)$ が連続ならば,$f(x,y)$ は点 (a,b) で全微分可能である.

《証明》 $f(x,y)$ は点 (a,b) の近くで偏微分可能なので,平均値の定理を適用して,
$$f(a+h,b+k) - f(a,b)$$
$$= f(a+h,b+k) - f(a,b+k) + f(a,b+k) - f(a,b)$$

$$= hf_x(a+\theta_1 h, b+k) + kf_y(a, b+\theta_2 k)$$

となる θ_1, θ_2 $(0 < \theta_1, \theta_2 < 1)$ が存在する．$f_x(x,y), f_y(x,y)$ は連続なので，

$$\lim_{(h,k)\to(0,0)} \frac{f(a+h, b+k) - f(a,b) - hf_x(a,b) - kf_y(a,b)}{\sqrt{h^2+k^2}}$$

$$= \lim_{(h,k)\to(0,0)} \frac{hf_x(a+\theta_1 h, b+k) + kf_y(a, b+\theta_2 k) - hf_x(a,b) - kf_y(a,b)}{\sqrt{h^2+k^2}}$$

$$= \lim_{(h,k)\to(0,0)} \left\{ \frac{h}{\sqrt{h^2+k^2}} (f_x(a+\theta_1 h, b+k) - f_x(a,b)) \right.$$

$$\left. + \frac{k}{\sqrt{h^2+k^2}} (f_y(a, b+\theta_2 k) - f_y(a,b)) \right\} = 0 \qquad \blacksquare$$

4.3 高階導関数と 2 変数のテイラーの定理

定理 4.5 2 変数関数 $f(x,y)$ を全微分可能，1 変数関数 $x(t), y(t)$ を微分可能とする．このとき，$z = f(x(t), y(t))$ は (t の 1 変数関数として) 微分可能であり，

$$\frac{dz}{dt} = f_x(x(t), y(t))x'(t) + f_y(x(t), y(t))y'(t)$$

$$= \frac{\partial f}{\partial x}\frac{dx}{dt} + \frac{\partial f}{\partial y}\frac{dy}{dt}$$

となる．

《証明》 定理 2.4 と同じ要領である．

$z(t) = f(x(t), y(t))$, $x(t) = a$, $x(t+\delta) = a+h$, $y(t) = b$, $y(t+\delta) = b+k$
とおくと，$h = x(t+\delta) - x(t) = \delta x'(t) + o(\delta)$, $k = y(t+\delta) - y(t) = \delta y'(t) + o(\delta)$ $(\delta \to 0)$ より，$\sqrt{h^2+k^2} = \delta\sqrt{x'(t)^2 + y'(t)^2} + o(\delta)$. よって，$o(\sqrt{h^2+h^2}) = o(\delta)$ である．以上より，

$$\frac{z(t+\delta) - z(t)}{\delta} = \frac{f(a+h, b+k) - f(a,b)}{\delta}$$

$$= \frac{f_x(a,b)h + f_y(a,b)k + o(\sqrt{h^2+k^2})}{\delta}$$

$$= \frac{f_x(a,b)(\delta x'(t) + o(\delta)) + f_y(a,b)(\delta y'(t) + o(\delta)) + o(\delta)}{\delta}$$

$$\to f_x(a,b)x'(t) + f_y(a,b)y'(t) \quad (\delta \to 0)$$
$$= f_x(x(t),y(t))x'(t) + f_y(x(t),y(t))y'(t) \qquad \blacksquare$$

> **定理 4.6 (連鎖律)** 2変数関数 $f(x,y)$ を全微分可能, 2変数関数 $x(u,v)$, $y(u,v)$ を偏微分可能とする. このとき, $z = f(x(u,v), y(u,v))$ は (u,v) の2変数関数として) 偏微分可能であり,
> $$\frac{\partial z}{\partial u} = f_x(x(u,v),y(u,v))x_u(u,v) + f_y(x(u,v),y(u,v))y_u(u,v)$$
> $$= \frac{\partial f}{\partial x}\frac{\partial x}{\partial u} + \frac{\partial f}{\partial y}\frac{\partial y}{\partial u}$$
> $$\frac{\partial z}{\partial v} = f_x(x(u,v),y(u,v))x_v(u,v) + f_y(x(u,v),y(u,v))y_v(u,v)$$
> $$= \frac{\partial f}{\partial x}\frac{\partial x}{\partial v} + \frac{\partial f}{\partial y}\frac{\partial y}{\partial v}$$
> となる.

《証明》 $\dfrac{\partial z}{\partial u}$ は v を固定して u で微分するので, 定理4.5で $t = u$ と考えればよい. $\blacksquare$

連鎖律の式を行列を用いて表すと
$$\begin{pmatrix} z_u & z_v \end{pmatrix} = \begin{pmatrix} z_x & z_y \end{pmatrix} \begin{pmatrix} x_u & x_v \\ y_u & y_v \end{pmatrix}$$

となるが, この行列 $J = \begin{pmatrix} x_u & x_v \\ y_u & y_v \end{pmatrix}$ を**ヤコビ行列**という. ヤコビ行列の行列式 $|J| = \det(J)$ を**ヤコビアン**といい, $\dfrac{\partial(x,y)}{\partial(u,v)}$ と書く.

2変数関数 $f(x,y)$ の x に関する偏導関数 $f_x(x,y)$ がまた x に関して偏微分可能なとき, $(f_x)_x = \dfrac{\partial}{\partial x}\left(\dfrac{\partial f}{\partial x}\right)$ を f_{xx} または $\dfrac{\partial^2 f}{\partial x^2}$ と書く.

同様に $f_{xy} = \dfrac{\partial^2 f}{\partial y \partial x}$, $f_{yx} = \dfrac{\partial^2 f}{\partial x \partial y}$, $f_{yy} = \dfrac{\partial^2 f}{\partial y^2}$ も定義される. これらを, **2次の偏導関数**という.

4.3 高階導関数と 2 変数のテイラーの定理

さらに，3 次の偏導関数，それ以上の偏導関数も存在すれば，$(f_{xy})_y = \dfrac{\partial}{\partial y}\left(\dfrac{\partial^2 f}{\partial y \partial x}\right) = f_{xyy} = \dfrac{\partial^3 f}{\partial y^2 \partial x}$, ... など同様に定義できる．

例 4.6 $f(x,y) = x^2 y^3$ とすると，$f_x(x,y) = 2xy^3$, $f_y(x,y) = 3x^2 y^2$, $f_{xx}(x,y) = 2y^3$, $f_{xy}(x,y) = 6xy^2$, $f_{yx}(x,y) = 6xy^2$, $f_{yy}(x,y) = 6x^2 y$, $f_{xxx}(x,y) = 0$, $f_{xxy}(x,y) = 6y^2$, $f_{xyx}(x,y) = 6y^2$, $f_{xyy}(x,y) = 12xy$, ...

$f_{xy}(x,y)$ と $f_{yx}(x,y)$ は意味が違うが，上の例では同じ値であった．実際，次の定理が成り立つ．

定理 4.7 領域 D で関数 $f(x,y)$ に f_{xy} と f_{yx} が存在して連続ならば，$f_{xy} = f_{yx}$ である．

《証明》 $(a,b) \in D$ とする．
$$G = f(a+h, b+k) - f(a, b+k) - f(a+h, b) + f(a, b)$$
を考える．
$$\varphi(x, y) = f(x+h, y) - f(x, y)$$
とおくと，$G = \varphi(a, b+k) - \varphi(a, b)$ であり，平均値の定理を適用すると，$0 < \theta_1 < 1$ が存在して，
$$G = k\varphi_y(a, b+\theta_1 k) = k(f_y(a+h, b+\theta_1 k) - f_y(a, b+\theta_1 k))$$
である．さらに，平均値の定理を適用すると，$0 < \theta_2 < 1$ が存在して，
$$G = kh f_{yx}(a + \theta_2 h, b + \theta_1 k)$$
となる．同様に，
$$\psi(x, y) = f(x, y+k) - f(x, y)$$
とおくと，$0 < \theta_3, \theta_4 < 1$ が存在して，
$$G = kh f_{xy}(a + \theta_4 h, b + \theta_3 k)$$
となるので，
$$f_{yx}(a + \theta_2 h, b + \theta_1 k) = f_{xy}(a + \theta_4 h, b + \theta_3 k)$$

である．f_{xy} と f_{yx} は点 (a,b) で連続だから，$(h,k) \to (0,0)$ とすると，

$$f_{yx}(a,b) = f_{xy}(a,b)$$ ∎

定義 4.7 (Cf. 定義 2.2)　関数 $f(x,y)$ の n 次までの偏導関数がすべて存在して連続であるとき，$f(x,y)$ は **n 回連続微分可能**または，**C^n 級の関数**であるという．

すべての次数の偏導関数がすべて存在して連続であるとき，$f(x,y)$ は**無限回連続微分可能**または，**C^∞ 級の関数**であるという．

この定義に従えば，定理 4.4 は「C^1 級ならば全微分可能である」，定理 4.7 は「C^2 級ならば $f_{xy} = f_{yx}$ である」と表現できる．また，定理 4.7 から，例えば C^∞ 級の関数の高次の偏導関数は，x と y に関して何回ずつ偏微分するかで決まり，偏微分する順序にはよらないこともわかる．

1 変数関数 $f(x)$ に対して

$$\frac{d}{dx} : f \mapsto f'$$

であったのと同じように，2 変数関数 $f(x,y)$ に対しても

$$\frac{\partial}{\partial x} : f \mapsto f_x$$

や，定数 a,b に対して，

$$a\frac{\partial}{\partial x} + b\frac{\partial}{\partial y} : f \mapsto af_x + bf_y$$

や

$$\frac{\partial^2}{\partial x^2} + \frac{\partial^2}{\partial y^2} : f \mapsto f_{xx} + f_{yy}$$

のように，**偏微分作用素**を定める．

例 4.7　C^2 級の関数 $f(x,y)$ に対して，

$$\left(\frac{\partial}{\partial x} + \frac{\partial}{\partial y}\right)\left(2\frac{\partial}{\partial x} - 3\frac{\partial}{\partial y}\right) : f \mapsto \left(\frac{\partial}{\partial x} + \frac{\partial}{\partial y}\right)(2f_x - 3f_y)$$
$$= 2f_{xx} - f_{xy} - 3f_{yy}$$

であるから，

4.3 高階導関数と2変数のテイラーの定理

$$\left(\frac{\partial}{\partial x}+\frac{\partial}{\partial y}\right)\left(2\frac{\partial}{\partial x}-3\frac{\partial}{\partial y}\right)=2\frac{\partial^2}{\partial x^2}-\frac{\partial^2}{\partial x\partial y}-3\frac{\partial^2}{\partial y^2}$$

となる．

定理 4.8 (2変数のテイラーの定理) 2変数関数 $f(x,y)$ を C^n 級とする．このとき，

$$f(a+h,b+k)=\sum_{j=0}^{n-1}\frac{1}{j!}\left(h\frac{\partial}{\partial x}+k\frac{\partial}{\partial y}\right)^j f(a,b)$$
$$+\frac{1}{n!}\left(h\frac{\partial}{\partial x}+k\frac{\partial}{\partial y}\right)^n f(a+\theta h,b+\theta k)$$

となる θ $(0<\theta<1)$ が存在する．

《証明》 $g(t)=f(a+ht,b+kt)$ とすると，定理 4.5 により，

$$\frac{dg(t)}{dt}=hf_x(a+ht,b+kt)+kf_y(a+ht,b+kt)$$
$$=\left(h\frac{\partial}{\partial x}+k\frac{\partial}{\partial y}\right)f(a+ht,b+kt)$$

である．これを繰り返して，f が C^n 級のとき，

$$\frac{d^j g(t)}{dt^j}=\left(h\frac{\partial}{\partial x}+k\frac{\partial}{\partial y}\right)^j f(a+ht,b+kt) \quad (j=0,1,2,\ldots,n)$$

となる．$g(t)$ に対して，定理 2.13 を適用すると，

$$g(t)=\sum_{j=0}^{n-1}\frac{1}{j!}g^{(j)}(0)t^j+\frac{1}{n!}g^{(n)}(\theta t)t^n$$
$$=\sum_{j=0}^{n-1}\frac{1}{j!}\left(h\frac{\partial}{\partial x}+k\frac{\partial}{\partial y}\right)^j f(a,b)t^j$$
$$+\frac{1}{n!}\left(h\frac{\partial}{\partial x}+k\frac{\partial}{\partial y}\right)^n f(a+h\theta t,b+k\theta t)t^n$$

となるが，ここで $t=1$ とすると，$g(1)=f(a+h,b+k)$ より，

$$f(a+h,b+k)=\sum_{j=0}^{n-1}\frac{1}{j!}\left(h\frac{\partial}{\partial x}+k\frac{\partial}{\partial y}\right)^j f(a,b)$$
$$+\frac{1}{n!}\left(h\frac{\partial}{\partial x}+k\frac{\partial}{\partial y}\right)^n f(a+h\theta,b+k\theta)$$

∎

特に, $(a,b) = (0,0)$ とし, $h = \xi$, $k = \eta$ とおいて, (2.7) と同様に次の結果を得る.

> **定理 4.9 (2 変数のマクローリンの定理)** 2 変数関数 $f(x,y)$ を C^n 級とする. このとき,
> $$f(\xi, \eta) = \sum_{j=0}^{n} \frac{1}{j!} \left(\xi \frac{\partial}{\partial x} + \eta \frac{\partial}{\partial y} \right)^j f(0,0) + o\left((\sqrt{\xi^2 + \eta^2})^n \right)$$

例 4.8 (1) $f(x,y) = e^{x^2 - y^2}$ に $n = 4$ として定理 4.9 を適用すると,
$$f(x,y) = 1 + x^2 - y^2 + \frac{(x^2 - y^2)^2}{2} + o\left((x^2 + y^2)^2 \right)$$

(2) $f(x,y) = \cos(xy)$ に $n = 4$ として定理 4.9 を適用すると,
$$f(x,y) = 1 - \frac{x^2 y^2}{2} + o\left((x^2 + y^2)^2 \right)$$

4.4　2 変数関数の極値

定義 4.8 2 変数関数 $f(x,y)$ が点 (a,b) で**極大**であるとは, ある $\varepsilon > 0$ に対して, すべての $(x,y) \in \{(x,y) \mid 0 < (x-a)^2 + (y-b)^2 < \varepsilon^2\}$ で $f(x,y) < f(a,b)$ を満たすときをいう. このときの値 $f(a,b)$ を**極大値**という. また, **極小**であるとは, ある $\varepsilon > 0$ に対して, すべての $(x,y) \in \{(x,y) \mid 0 < (x-a)^2 + (y-b)^2 < \varepsilon^2\}$ で $f(x,y) > f(a,b)$ を満たすときをいう. このときの値 $f(a,b)$ を**極小値**という. 極大値と極小値を総称して, **極値**という.

> **定理 4.10** 偏微分可能な 2 変数関数 $f(x,y)$ が点 (a,b) で極値をとるならば,
> $$f_x(a,b) = f_y(a,b) = 0$$

《証明》 $f(x,y)$ が点 $(x,y) = (a,b)$ で極値をとるならば, $y = b$ を固定した $f(x,b)$ も $x = a$ で極値をとるが, 定理 2.14 (2) により, $f_x(a,b) = 0$ である. 同様にして, $f_y(a,b) = 0$. ∎

4.4 2変数関数の極値

例 4.9　(1) $f(x,y) = x^2 + y^2$ は，点 $(0,0)$ で極小値 (実は最小値) 0 をとる (図 4.4).

(2) $f(x,y) = x^2 - y^2$ は，$f_x(0,0) = f_y(0,0) = 0$ を満たすが，点 $(0,0)$ で極値をとらない (図 4.5 参照). このような点を**鞍点**または**峠点**という.

(3) $f(x,y) = (x-y)^2$ は，点 $(0,0)$ で最小値 0 をとるが，これは極小値ではない.

2変数関数に対しても，1変数関数のときの定理 2.15 と同様に，極値をもつかどうかを判定する定理がある.

定理 4.11　C^2 級の2変数関数 $f(x,y)$ に対して，$f_x(a,b) = f_y(a,b) = 0$ を満たす点 (a,b) について

$$D(a,b) = f_{xx}(a,b)f_{yy}(a,b) - (f_{xy}(a,b))^2$$

とする. このとき，$f(x,y)$ は点 (a,b) において

(i) $D(a,b) > 0$, $f_{xx}(a,b) > 0$ のとき，極小となる.
(ii) $D(a,b) > 0$, $f_{xx}(a,b) < 0$ のとき，極大となる.
(iii) $D(a,b) < 0$ のとき，鞍点であり，極値をとらない.
(iv) $D(a,b) = 0$ のときは，これだけでは判断できない.

《証明》　定理 2.15 と同じ要領である.

定理 4.8 の $n=2$ のときを書く. $A = f_{xx}(a+\theta h, b+\theta k)$, $B = f_{xy}(a+\theta h, b+\theta k)$, $C = f_{yy}(a+\theta h, b+\theta k)$ とおくと，$f_x(a,b) = f_y(a,b) = 0$ より，

$$f(a+h, b+k) - f(a,b) = \frac{1}{2}\left(Ah^2 + 2Bhk + Ck^2\right)$$
$$= \frac{A}{2}\left\{\left(h + \frac{B}{A}k\right)^2 + \frac{AC - B^2}{A^2}k^2\right\}$$

となる.

(i) $D(a,b) > 0$, $f_{xx}(a,b) > 0$ のとき，h,k を小さくとれば，$AC - B^2 > 0$, $A > 0$ とできるので，$f(a+h, b+k) - f(a,b) > 0$ となり，$f(a,b)$ は極小値である.

(ii) $D(a,b) > 0$, $f_{xx}(a,b) < 0$ のとき，同様に h, k を小さくとれば，$AC - B^2 > 0$, $A < 0$ とできるので，$f(a+h, b+k) - f(a,b) < 0$ となり，$f(a,b)$ は極大値である．

(iii) $D(a,b) < 0$ のとき，h, k を小さくとれば，$AC - B^2 < 0$ とできるが，このとき，$f(a+h, b+k) - f(a,b)$ は正にも負にもなるので，極値にならない． ■

問 16 $D(a,b) > 0$ のとき，$f_{xx}(a,b)$ と $f_{yy}(a,b)$ が同符号であることを示せ．(よって，上の (i), (ii) において，$f_{xx}(a,b)$ を $f_{yy}(a,b)$ に換えてもかまわない．)

例題 4.3 関数 $f(x,y) = x^2 - 2xy^2 + 2y^2$ の極値を求めよ．

《解》
$$\begin{cases} f_x(x,y) = 2x - 2y^2 = 0 \\ f_y(x,y) = -4xy + 4y = 0 \end{cases}$$

を解いて，$(x,y) = (0,0), (1, \pm 1)$.
$$\begin{aligned} D(x,y) &= f_{xx}(x,y) f_{yy}(x,y) - f_{xy}(x,y)^2 \\ &= 2(-4x + 4) - (-4y)^2 \\ &= -8x + 8 - 16y^2 \end{aligned}$$

とおく．

(i) $D(1, \pm 1) = -16 < 0$ なので，$(x,y) = (1, \pm 1)$ は極値を与えない．

(ii) $D(0,0) = 8 > 0$ であり，$f_{xx}(0,0) = 2 > 0$ なので，$(x,y) = (0,0)$ は極小値 $f(0,0) = 0$ を与える． □

例題 4.4 関数 $f(x,y) = xy(x - 2y)$ の極値を求めよ．

《解》
$$\begin{cases} f_x(x,y) = 2y(x - y) = 0 \\ f_y(x,y) = x(x - 4y) = 0 \end{cases}$$

4.4 2変数関数の極値

を解いて,$(x, y) = (0, 0)$.
$$D(x, y) = f_{xx}(x, y)f_{yy}(x, y) - f_{xy}(x, y)^2$$
$$= (2y)(-4x) - (2x - 4y)^2$$
とおく.

$D(0, 0) = 0$ なので,これだけでは判定できない.そこで別の方法で判定する必要がある.この問題の場合,直線 $y = x$ 上でこの関数を考えると,$f(x, x) = -x^3$ となるが,これは点 $(0, 0)$ の近くで正にも負にもなるので,$(x, y) = (0, 0)$ は極値ではない. □

例題 4.5 関数 $f(x, y) = x^4 + y^4$ の極値を求めよ.

《解》
$$\begin{cases} f_x(x, y) = 4x^3 = 0 \\ f_y(x, y) = 4y^3 = 0 \end{cases}$$
を解いて,$(x, y) = (0, 0)$.
$$D(x, y) = f_{xx}(x, y)f_{yy}(x, y) - f_{xy}(x, y)^2$$
$$= (12x^2)(12y^2) - 0^2$$
とおく.

$D(0, 0) = 0$ なので,これだけでは判定できない.そこで別の方法で判定する必要がある.この問題の場合,$f(x, y) = x^4 + y^4 \geq 0 = f(0, 0)$ であり,$(x, y) \neq (0, 0)$ のとき,$f(x, y) > 0$ なので,$(x, y) = (0, 0)$ は極小値 (実は最小値) $f(0, 0) = 0$ を与える. □

《参考》 3 変数関数の極値に関しては,以下の定理が成り立つ.定理 2.15 や定理 4.11 もこの形式で記述できるし,n 変数関数の場合も同様にできる.

定理 4.12 3 変数関数 $f(x, y, z)$ に対して,$f_x(a, b, c) = f_y(a, b, c) = f_z(a, b, c) = 0$ を満たす点 (a, b, c) について
$$D_1(a, b, c) = f_{xx}(a, b, c)$$

$$D_2(a,b,c) = \begin{vmatrix} f_{xx}(a,b,c) & f_{xy}(a,b,c) \\ f_{yx}(a,b,c) & f_{yy}(a,b,c) \end{vmatrix}$$

$$D_3(a,b,c) = \begin{vmatrix} f_{xx}(a,b,c) & f_{xy}(a,b,c) & f_{xz}(a,b,c) \\ f_{yx}(a,b,c) & f_{yy}(a,b,c) & f_{yz}(a,b,c) \\ f_{zx}(a,b,c) & f_{zy}(a,b,c) & f_{zz}(a,b,c) \end{vmatrix}$$

とする.このとき,$f(x,y,z)$ は点 (a,b,c) において

(i) $D_k(a,b,c) > 0$ $(k=1,2,3)$ のとき,極小となる.
(ii) $(-1)^k D_k(a,b,c) > 0$ $(k=1,2,3)$ のとき,極大となる.
(iii) $D_3(a,b,c) \neq 0$ で上の 2 つの場合以外は,極値をとらない.
(iv) $D_3(a,b,c) = 0$ のときは,これだけでは判断できない.

ここで現れる行列式 D_k を**ヘッセ行列式**または**ヘッシアン**という.

4.5 陰関数定理

例えば,$x^2 + y^2 = 1$ において,y は x の関数ではない.なぜなら,1 つの x_0 ($-1 < x_0 < 1$) に対して,$y_1 = \sqrt{1-x_0^2}$ と $y_2 = -\sqrt{1-x_0^2}$ の 2 つの値が対応しているからである (定義 1.11 の「関数」の定義を参照せよ).しかし,「点 $(0,1)$ を通る」などと条件をつければ,$y = \sqrt{1-x^2}$ と 1 つの『関数』が決まる.これを $x^2 + y^2 = 1$ の**陰関数**とよぶ.これに対して,最初から $y = \varphi(x)$ の形で書かれているものを**陽関数**という.$f(x,y) = 0$ という式が陰関数をもつための条件として,次の定理が知られている.(証明略)

定理 4.13 (陰関数定理) 2 変数関数 $f(x,y)$ を C^1 級とする.条件 $f(x,y) = 0$ から,$f(a,b) = 0$ を満たす点 (a,b) の近くで陰関数 $y = \varphi(x)$ が決まるための条件は,

$$f_y(a,b) \neq 0$$

となることである.(当然,$b = \varphi(a)$ が成り立つ.)
また,このとき $\varphi(x)$ は $x = a$ で微分可能で

4.5 陰関数定理

$$\varphi'(a) = -\frac{f_x(a,b)}{f_y(a,b)}$$

となる.

例 4.10 (円) $f(x,y) = x^2 + y^2 - 1 = 0$ において,$f_y(x,y) = 2y \neq 0$ のとき,陰関数が存在する.$y > 0$ のとき $y = \sqrt{1-x^2}$,$y < 0$ のとき $y = -\sqrt{1-x^2}$ という陰関数である.

$y = 0$ のとき,例えば点 $(1,0)$ の近くでは,陰関数が存在しない.実際,図 4.7 のように,$x^2 + y^2 - 1 = 0$ は点 $(1,0)$ の近くでは,x の値に対して y の値が 1 つだけ定まるような状況になっていないので,関数が 1 つに定まらない.

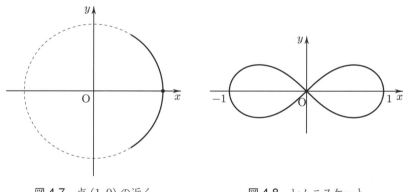

図 4.7 点 $(1,0)$ の近く　　　図 4.8 レムニスケート

例 4.11 (レムニスケート) $f(x,y) = (x^2 + y^2)^2 - x^2 + y^2 = 0$ において,$f_y(x,y) = 2y(2x^2 + 2y^2 + 1) \neq 0$,つまり,$y \neq 0$ のとき,陰関数が存在する.$y = 0$ となるのは,$f(x,0) = 0$ により $(x,y) = (0,0), (1,0), (-1,0)$ の 3 点である.

実際,$f(x,y) = 0$ のグラフは図 4.8 のようになっていて,$(0,0)$ と $(\pm 1, 0)$ では,その点を通る関数が 1 つに定まらない状況が異なるが,どちらも対処できているのが定理 4.13 のよいところである.

実際のグラフの形状がわからなくても,接線の方程式は求められる.

例題 4.6 $f(x,y) = x^4y + x^2y^5 - 2 = 0$ 上の点 P$(1,1)$ の近くで陰関数 $y = \varphi(x)$ が存在することを示し，点 P における接線の方程式を求めよ．

《解》 $f(1,1) = 1 + 1 - 2 = 0$ より，確かに点 $(1,1)$ はこの曲線上にある．
$f_y(x,y) = x^4 + 5x^2y^4$ であり，$f_y(1,1) = 6 \neq 0$ なので，点 $(1,1)$ の近くで陰関数 $y = \varphi(x)$ が存在する．

$$\varphi'(x) = -\frac{f_x(x,y)}{f_y(x,y)} = -\frac{4x^3y + 2xy^5}{x^4 + 5x^2y^4}$$

なので，$\varphi'(1) = -1$ となり，よって，点 $(1,1)$ における接線の方程式は，

$$y = -(x-1) + 1 = -x + 2$$

である． □

上の手順を一般的にして次の定理を得ることができる．

定理 4.14 C^1 級の関数 $f(x,y)$ は $f(a,b) = 0$ を満たし，$(f_x(a,b), f_y(a,b)) \neq (0,0)$ とする．曲線 $f(x,y) = 0$ 上の点 (a,b) における接線の方程式は，

$$f_x(a,b)(x-a) + f_y(a,b)(y-b) = 0$$

である．

問 17 定理 4.14 を証明せよ．

例題 4.7 $f(x,y) = x^2 + xy + y^2 - 3 = 0$ で定まる陰関数 $y = \varphi(x)$ に対して，$\varphi'(x)$ と $\varphi''(x)$ を x, y で表せ．そして，$\varphi(x)$ の極値を求めよ．

《解》 陰関数を考えるので，$f_y = x + 2y \neq 0$ とする．
$x^2 + xy + y^2 - 3 = 0$ の両辺を x で微分して，

$$2x + y + xy' + 2yy' = 0 \tag{4.2}$$

よって
$$y' = \varphi'(x) = -\frac{2x+y}{x+2y}$$

(4.2) の両辺をさらに x で微分して,
$$2 + y' + y' + xy'' + 2(y')^2 + yy'' = 0$$

よって
$$y'' = \varphi''(x) = -\frac{2 + 2y' + 2(y')^2}{x+2y} = -\frac{6(x^2+xy+y^2)}{(x+2y)^3} = -\frac{18}{(x+2y)^3}$$

$\varphi'(x) = 0$ となるのは $2x + y = 0$ のときなので, $f(x, y) = 0$ と連立して
$$\begin{cases} 2x + y = 0 \\ x^2 + xy + y^2 - 3 = 0 \end{cases}$$

を解くと, $(x, y) = (-1, 2), (1, -2)$. これらは, $f_y = x + 2y \neq 0$ を満たす.

(i) $(x, y) = (-1, 2)$ のとき, $\varphi''(-1) = -\frac{2}{3} < 0$ より $x = -1$ のとき極大値 $y = 2$.

(ii) $(x, y) = (1, -2)$ のとき, $\varphi''(1) = \frac{2}{3} > 0$ より $x = 1$ のとき極小値 $y = -2$. □

条件 $f(x, y) = 0$ から, x を y の関数としてとらえたいときには, 陰関数 $x = \psi(y)$ の存在を考えることになるが, その存在条件は, もちろん $f_x \neq 0$ である.

4.6 条件付き極値

本節では, 条件 $g(x, y) = 0$ の下で関数 $f(x, y)$ の極値を考える. まずは例からはじめよう.

例 4.12 条件 $x + y - 1 = 0$ の下で, 関数 $f(x, y) = x^4 + y^4$ の極値を求めてみよう. 条件より $y = 1 - x$ なので, 求めたいのは
$$x^4 + y^4 = x^4 + (1-x)^4$$

の極値である．そこで，$h(x) = x^4 + (1-x)^4$ とおいて微分すると，$h'(x) = 4(2x-1)(x^2-x+1)$ となるので，$h'(x) = 0$ となるのは，$x = \frac{1}{2}$ $(y = \frac{1}{2})$ のときである．また，$h''(x) = 12(2x^2 - 2x + 1)$ から，$h''(\frac{1}{2}) = 6 > 0$ となるので，定理 2.15 により，これは極小である．よって，$(x, y) = (\frac{1}{2}, \frac{1}{2})$ で極小値 $f(\frac{1}{2}, \frac{1}{2}) = \frac{1}{8}$ をもつことがわかった．

(例題 4.5 で，$f(x, y) = x^4 + y^4$ が極小値 $f(0, 0) = 0$ をもつことを調べたが，$(x, y) = (0, 0)$ は $x + y - 1 = 0$ を満たさないので，この問題では関係がない．)

例 4.12 と同じようなやり方で，一般的に条件 $g(x, y) = 0$ の下で関数 $f(x, y)$ の極値を考えてみよう．

定理 4.13 により，条件 $g(x, y) = 0$ は，$g_y \neq 0$ であれば $y = \varphi(x)$ とできる．求めたいのは，
$$h(x) = f(x, \varphi(x))$$
の極値である．定理 4.5 を用いて，
$$h'(x) = f_x(x, \varphi(x)) + f_y(x, \varphi(x))\varphi'(x) \tag{4.3}$$
となる．定理 2.14 (2) から，$h(x)$ が $x = a$ で極値をもつならば $h'(a) = 0$ である．以上のことを用いて，次のことがわかる．

定理 4.15 2 変数関数 $f(x, y)$, $g(x, y)$ は C^1 級とし，$g(a, b) = 0$ と $(g_x(a, b), g_y(a, b)) \neq (0, 0)$ を満たすとする．

このとき，条件 $g(x, y) = 0$ の下で関数 $f(x, y)$ が $(x, y) = (a, b)$ において極値をもつならば，
$$f_x(a, b)g_y(a, b) - f_y(a, b)g_x(a, b) = 0 \tag{4.4}$$
である．

《証明》 $g_y(a, b) \neq 0$ とする．定理 4.13 により $\varphi'(a) = -\dfrac{g_x(a, b)}{g_y(a, b)}$ であるから，(4.3) で，
$$h'(a) = f_x(a, b) - f_y(a, b)\frac{g_x(a, b)}{g_y(a, b)} = 0$$

4.6 条件付き極値

である．よって，(4.4) がいえた．

$g_y(a,b) = 0$ のときは，$g_x(a,b) \neq 0$ となるので，$g(x,y) = 0$ の陰関数 $x = \psi(y)$ が存在することになり，同様の議論で (4.4) が示される． ∎

ここで，未知変数 λ を導入して，条件 (4.4) を書き替えることができる．

> **定理 4.16 (ラグランジュの未定乗数法)** 2 変数関数 $f(x,y)$, $g(x,y)$ は C^1 級とし，$g(a,b) = 0$ と $(g_x(a,b), g_y(a,b)) \neq (0,0)$ を満たすとする．
> 　条件 $g(x,y) = 0$ の下で関数 $f(x,y)$ が $(x,y) = (a,b)$ において極値をもつならば，$F(x,y,\lambda) = f(x,y) - \lambda g(x,y)$ とおくとき，
> $$F_x(a,b,k) = F_y(a,b,k) = F_\lambda(a,b,k) = 0$$
> を満たす定数 k が存在する．

《証明》 (4.4) から，$(f_x(a,b), f_y(a,b)) = k(g_x(a,b), g_y(a,b))$ を満たす実数 k が存在する．よって，(4.4) の条件は，$F_x(a,b,k) = f_x(a,b) - kg_x(a,b) = 0$ と $F_y(a,b,k) = f_y(a,b) - kg_y(a,b) = 0$ に書き替えられる．$g(a,b) = 0$ の条件は，$F_\lambda(a,b,k) = -kg(a,b) = 0$ と同じなので，証明された． ∎

例題 4.8 条件 $g(x,y) = x^2 + y^2 - 2 = 0$ の下で，関数 $f(x,y) = (x+y)^2$ の極値を求めよ．

《解》 $F(x,y,\lambda) = f(x,y) - \lambda g(x,y) = (x+y)^2 - \lambda(x^2+y^2-2)$ とおく．
$$\begin{cases} F_x(x,y,\lambda) = 2(x+y) - 2\lambda x = 0 \\ F_y(x,y,\lambda) = 2(x+y) - 2\lambda y = 0 \\ F_\lambda(x,y,\lambda) = -(x^2+y^2-2) = 0 \end{cases}$$

を連立して解くと，$(x,y,\lambda) = (1,1,2), (-1,-1,2), (1,-1,0), (-1,1,0)$ となるので，極値を与える点の候補は，$(x,y) = (1,1), (-1,1), (-1,-1), (1,-1)$ の 4 つであり，これらの点で $(g_x, g_y) \neq (0,0)$ である．

しかし，これだけでは，実際に極値になっているかどうかまではわからない．

この問題の場合は，$g(x,y) = 0$ を満たす点 (x,y) の集合が有界閉集合である (実際に円になる) ので，**有界閉集合上で定義された連続関数** $f(x,y)$ **は最大値と最小値をもつ**という事実を利用して，$f(1,1) = f(-1,-1) = 4$, $f(-1,1) = f(1,-1) = 0$ ということから，$f(1,1) = f(-1,-1) = 4$ が最大値よって極大値，$f(-1,1) = f(1,-1) = 0$ が最小値よって極小値とわかる．□

このように極値の候補の値が 2 つしかなく，$g(x,y) = 0$ が有界閉集合の場合は簡単に結論できる．

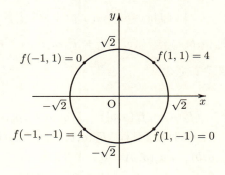

図 4.9　例題 4.8 の $g(x,y) = 0$ のグラフ

別法として，$g(x,y) = 0$ 上の $f(x,y)$ の値が図 4.9 のようになっており，これら以外に極値を与える点はないことから，円周上の値を順番にみていくことにより，$f(1,1) = f(-1,-1) = 4$ が極大値，$f(-1,1) = f(1,-1) = 0$ が極小値とわかる．この方法なら，$g(x,y) = 0$ が有界閉集合であれば，極値の候補の値が 3 つ以上あっても対応できる．

問 18　条件 $g(x,y) = x^2 + y^2 - 2 = 0$ の下で，関数 $f(x,y) = (x+y)^3$ の極値を求めよ．

$g(x,y) = 0$ の様子がわからないときは，例 4.12 のように $h''(x)$ を (陰関数の微分を使って！) 求めて，定理 2.15 により極値になるかどうかを確かめることになる．この解法は少々面倒である．

4.6 条件付き極値

例題 4.9 条件 $g(x,y) = 5x^2 + 6xy + 5y^2 - 16 = 0$ の下で，関数 $f(x,y) = x^2 + y^2$ の極値を求めよ．

《解》 $F(x,y,\lambda) = f(x,y) - \lambda g(x,y) = x^2 + y^2 - \lambda(5x^2 + 6xy + 5y^2 - 16)$ とおく．

$$\begin{cases} F_x(x,y,\lambda) = 2x - \lambda(10x + 6y) = 0 \\ F_y(x,y,\lambda) = 2y - \lambda(6x + 10y) = 0 \\ F_\lambda(x,y,\lambda) = -(5x^2 + 6xy + 5y^2 - 16) = 0 \end{cases}$$

を連立して解くと，$(x,y,\lambda) = (1,1,\frac{1}{8}), (-1,-1,\frac{1}{8}), (2,-2,\frac{1}{2}), (-2,2,\frac{1}{2})$ となるので，極値を与える点の候補は，$(x,y) = (1,1), (-1,-1), (2,-2), (-2,2)$ の 4 つである．

$g_y(x,y) = 6x + 10y$ から $g_y(1,1) = 16 \neq 0$ により，点 $(1,1)$ の近くで $g(x,y) = 0$ の陰関数 $y = \varphi(x)$ が存在する．

$$h(x) = f(x, \varphi(x)) = x^2 + (\varphi(x))^2$$

とおく．$h'(x) = 2x + 2\varphi(x)\varphi'(x)$ であり，

$$\varphi'(x) = -\frac{g_x(x,y)}{g_y(x,y)} = -\frac{10x + 6y}{6x + 10y} = -\frac{5x + 3y}{3x + 5y}$$

から，$(x,y) = (1,1)$ で $\varphi'(1) = -1$ であり，$h'(1) = 0$ である．[*)]

また，$h''(x) = 2 + 2\varphi(x)\varphi''(x) + 2(\varphi'(x))^2$ であり，

$$\varphi''(x) = -\frac{(5 + 3y')(3x + 5y) - (5x + 3y)(3 + 5y')}{(3x + 5y)^2} = -\frac{16(y - xy')}{(3x + 5y)^2}$$

から，$(x,y) = (1,1)$ で $\varphi''(1) = -\frac{16(1 - (-1))}{(3 + 5)^2} = -\frac{1}{2}$ であり，$h''(1) = 2 - 1 + 2 = 3 > 0$ となるので，定理 2.15 によりこれは極小で，極小値 $f(1,1) = 2$ である．

同様にして，極大値 $f(-2,2) = f(2,-2) = 8$，極小値 $f(-1,-1) = 2$ がわかる． □

[*)] $h' = 0$ となるようにラグランジュの未定乗数法で $(x,y) = (1,1)$ を求めたのだから，$h'(1) = 0$ は必然である．ここの計算は単に確認である．

問 19 例題 4.9 で $(x,y) = (2, -2)$ のとき，極大であることを確かめよ．

《参考》 ラグランジュの未定乗数法はさらに多変数の場合にも拡張される．例えば，

定理 4.17 3 変数関数 $f(x,y,z)$, $g(x,y,z)$, $h(x,y,z)$ は C^1 級とし，$(g_x, g_y, g_z) \neq (0,0,0)$, $(h_x, h_y, h_z) \neq (0,0,0)$ を満たし，$\dfrac{\partial(g,h)}{\partial(y,z)} \neq 0$ とする．

条件 $g(x,y,z) = 0$ と $h(x,y,z) = 0$ の下で 3 変数関数 $f(x,y,z)$ が $(x,y,z) = (a,b,c)$ において極値をもつならば，

$$F(x,y,z,\lambda,\mu) = f(x,y,z) - \lambda g(x,y,z) - \mu h(x,y,z)$$

とおくとき，$F_x(a,b,c,k,l) = F_y(a,b,c,k,l) = F_z(a,b,c,k,l) = F_\lambda(a,b,c,k,l) = F_\mu(a,b,c,k,l) = 0$ を満たす定数 k, l が存在する．

第 4 章の演習問題

[A]

問題 4.1 次の極限値が存在すれば求めよ．

(1) $\displaystyle\lim_{(x,y)\to(0,0)} \dfrac{x^2 - y^2}{x^2 + y^2}$
(2) $\displaystyle\lim_{(x,y)\to(0,0)} \dfrac{x^2 - y^2}{\sqrt{x^2 + y^2}}$

(3) $\displaystyle\lim_{(x,y)\to(0,0)} \dfrac{x + y}{x^2 + y^2}$
(4) $\displaystyle\lim_{(x,y)\to(0,0)} \dfrac{x + y}{\sqrt{x^2 + y^2}}$

(5) $\displaystyle\lim_{(x,y)\to(0,0)} \dfrac{x^3 - y^3 + x^2 + y^2}{x^2 + y^2}$
(6) $\displaystyle\lim_{(x,y)\to(0,0)} \dfrac{x^2 y}{x^4 + y^2}$

問題 4.2 次の関数 $f(x,y)$ の与えられた点，方向の方向微分係数を求めよ．

(1) $f(x,y) = x^2 + y^2$, 点 $(1,2)$, 方向 $\left(\dfrac{1}{\sqrt{2}}, \dfrac{1}{\sqrt{2}}\right)$

(2) $f(x,y) = \dfrac{1}{x} - \dfrac{1}{y}$, 点 $(1,1)$, 方向 $\left(\dfrac{1}{\sqrt{2}}, -\dfrac{1}{\sqrt{2}}\right)$

(3) $f(x,y) = \sqrt{1 - x^2 - y^2}$, 点 $\left(\dfrac{1}{\sqrt{3}}, -\dfrac{1}{\sqrt{3}}\right)$, 方向 $\left(\dfrac{1}{2}, \dfrac{\sqrt{3}}{2}\right)$

(4) $f(x,y) = \begin{cases} \dfrac{(x^2+y^2)^2}{x}, & x \neq 0 \\ 0, & x = 0 \end{cases}$, 点 $(0,0)$, 方向 $(\cos\theta, \sin\theta)$

演習問題

問題 4.3 次の関数 z に対して, $\dfrac{dz}{dt}$ を求めよ.
(1) $z = e^{x^2 y}$, $x = \cos 2t$, $y = \sin t^2$
(2) $z = f(x, y)$, $x = e^{2t} \cos \varphi(t)$, $y = e^{2t} \sin \varphi(t)$

問題 4.4 次の関数 z に対して, z_u, z_v を求めよ.
(1) $z = \sin(x - y)$, $x = u^2 + v^2$, $y = 2uv$
(2) $z = f(x - 3y)$, $x = u - 2v$, $y = 3u - 4v$

問題 4.5 $z = f(x, y)$ において, $x = u\cos a - v\sin a$, $y = u\sin a + v\cos a$ とする. ここで, a は定数である.
$$\left(\frac{\partial z}{\partial x}\right)^2 + \left(\frac{\partial z}{\partial y}\right)^2 = \left(\frac{\partial z}{\partial u}\right)^2 + \left(\frac{\partial z}{\partial v}\right)^2$$
を示せ. ただし, $f(x, y)$ は C^1 級とする.

問題 4.6 $z = f(x, y)$ において, $x = e^r \cos\theta$, $y = e^r \sin\theta$ とする.
$$\frac{\partial^2 z}{\partial x^2} + \frac{\partial^2 z}{\partial y^2} = e^{-2r}\left(\frac{\partial^2 z}{\partial r^2} + \frac{\partial^2 z}{\partial \theta^2}\right)$$
を示せ. ただし, $f(x, y)$ は C^2 級とする.

問題 4.7 $z = f(x, y)$ において, $x = r\cos\theta$, $y = r\sin\theta$ とする. 次の関係式を示せ. ただし, $f(x, y)$ は C^2 級とする.
(1) $\left(\dfrac{\partial z}{\partial x}\right)^2 + \left(\dfrac{\partial z}{\partial y}\right)^2 = \left(\dfrac{\partial z}{\partial r}\right)^2 + \dfrac{1}{r^2}\left(\dfrac{\partial z}{\partial \theta}\right)^2$
(2) $\dfrac{\partial^2 z}{\partial x^2} + \dfrac{\partial^2 z}{\partial y^2} = \dfrac{\partial^2 z}{\partial r^2} + \dfrac{1}{r}\dfrac{\partial z}{\partial r} + \dfrac{1}{r^2}\dfrac{\partial^2 z}{\partial \theta^2}$

問題 4.8 次の関数 $f(x, y)$ の極値を求めよ.
(1) $f(x, y) = x^3 + y^3 - 3xy$
(2) $f(x, y) = \frac{1}{4}(x + y)^4 - 8xy$
(3) $f(x, y) = x^4 + y^2 + 2x^2 - 4xy + 1$
(4) $f(x, y) = xy(x^2 + y^2 - 4)$
(5) $f(x, y) = (x^2 + y^2)^2 - 2y^2$
(6) $f(x, y) = x^4 + x^2 y^2 + y^4$
(7) $f(x, y) = x^4 + (y - 1)^4 + 2x^2 y(y - 2)$
(8) $f(x, y) = xy + \dfrac{4}{x} + \dfrac{2}{y}$
(9) $f(x, y) = \sin x + \sin y + \cos(x + y)$ $(0 < x < \pi,\ 0 < y < \pi)$
(10) $f(x, y) = \sin x + \sin y + \sin(x + y)$ $(0 < x < 2\pi,\ 0 < y < 2\pi)$

問題 4.9 曲線 $f(x,y) = 0$ 上の点 P における接線の方程式を求めよ．
(1) $f(x,y) = x^3 + y^3 - 3xy - 3$, 点 $P(2,1)$
(2) $f(x,y) = x^4 + y^4 - 8xy - 1$, 点 $P(1,2)$

問題 4.10 $f(x,y) = 0$ から定まる陰関数 $y = \varphi(x)$ の極値を求めよ．
(1) $f(x,y) = 4x^3 + y^3 - 6xy$
(2) $f(x,y) = x^4 + 3y^4 - 4xy$

問題 4.11 条件 $g(x,y) = 0$ の下で，関数 $f(x,y)$ の極値を求めよ．
(1) $f(x,y) = x - y$, $g(x,y) = x^2 + y^2 - 2$
(2) $f(x,y) = xy$, $g(x,y) = x^2 + 2y^2 - 8$
(3) $f(x,y) = x^2 + y^2$, $g(x,y) = x^3 + y^3 - 3xy$

問題 4.12 $f(x,y) = 4x^2 - y^4$ とする．
(1) 条件 $y = mx$ の下での関数 $f(x,y)$ の極値を求めよ．
(2) 関数 $f(x,y)$ の極値を求めよ．

[B]

問題 4.13 次の関数の原点における $\boldsymbol{v} = (\cos\theta, \sin\theta)$ 方向の方向微分係数を求めよ．また，この関数は原点で全微分可能か．

(1) $f(x,y) = \begin{cases} \dfrac{x^2 y^2}{x^2 + y^2}, & (x,y) \neq (0,0) \\ 0, & (x,y) = (0,0) \end{cases}$

(2) $f(x,y) = \begin{cases} \dfrac{xy}{\sqrt{x^2 + y^2}}, & (x,y) \neq (0,0) \\ 0, & (x,y) = (0,0) \end{cases}$

(3) $f(x,y) = \begin{cases} \dfrac{x^3 + y^3}{x^2 + y^2}, & (x,y) \neq (0,0) \\ 0, & (x,y) = (0,0) \end{cases}$

問題 4.14 関数 $f(x,y) = \begin{cases} xy \sin \dfrac{1}{\sqrt{x^2+y^2}}, & (x,y) \neq (0,0) \\ 0, & (x,y) = (0,0) \end{cases}$ に対して，

(1) 原点で全微分可能であることを示せ．
(2) 原点で C^1 級でないことを示せ．

演習問題

問題 4.15 関数 $f(x,y)$ は全微分可能とする. $\nabla f = (f_x, f_y)$ とおくとき[*],

(1) $\dfrac{\partial f}{\partial \boldsymbol{v}} = \nabla f \cdot \boldsymbol{v}$ $(= \nabla f$ と $\boldsymbol{v}$ の内積$)$ を示せ.

(2) $\nabla f \neq (0,0)$ ならば, $f(x,y)$ の方向微分係数 $\dfrac{\partial f}{\partial \boldsymbol{v}}$ は $\boldsymbol{v} = \dfrac{\nabla f}{|\nabla f|}$ のとき最大値 $|\nabla f|$ をとり, $\boldsymbol{v} = -\dfrac{\nabla f}{|\nabla f|}$ のとき最小値 $-|\nabla f|$ をとることを示せ.

問題 4.16 傾いた平面上で最も急な勾配が $\frac{1}{3}$ であるという. 南北方向の勾配が $\frac{1}{5}$ のとき, 東西方向の勾配を求めよ.

問題 4.17 関数 $f(x,y) = \begin{cases} xy\dfrac{x^2 - y^2}{x^2 + y^2}, & (x,y) \neq (0,0) \\ 0, & (x,y) = (0,0) \end{cases}$ に対して,

(1) $f_x(0,y)$ と $f_y(x,0)$ を求めよ.
(2) $f_{xy}(0,0) \neq f_{yx}(0,0)$ となることを示せ.

問題 4.18 2変数関数 f を C^2 級とする. 条件 $f(x,y) = 0$ から, $f(a,b) = 0$ と $f_y(a,b) \neq 0$ を満たす点 (a,b) の近くで決まる陰関数 $y = \varphi(x)$ は 2 回微分可能で,

$$\varphi''(x) = -\frac{f_{xx}f_y^2 - 2f_{xy}f_xf_y + f_{yy}f_x^2}{f_y^3}$$

となることを示せ.

問題 4.19 $f(a,b) = 0$, $f_x(a,b) = 0$ とする. $f_y(a,b) \neq 0$ ならば, $f(x,y) = 0$ の陰関数 $y = \varphi(x)$ は

(i) $\dfrac{f_{xx}(a,b)}{f_y(a,b)} > 0$ のとき, $x = a$ で極大値 $\varphi(a) = b$ をとり,

(ii) $\dfrac{f_{xx}(a,b)}{f_y(a,b)} < 0$ のとき, $x = a$ で極小値 $\varphi(a) = b$ をとる

ことを示せ.

---

[*] ∇ は nabla と読む. Δ (delta) の逆だから atled と読む人もいる.

5 重積分

本章では，2変数関数の積分(重積分)について説明する．重積分には不定積分のようなものはなく，定積分だけである．1変数関数の定積分が面積を表していたように，2変数関数の重積分は体積を表している．

5.1 重積分の定義

2変数関数 $f(x,y) \geq 0$ とする．xy 平面の長方形領域
$$D = \{(x,y) \mid a \leq x \leq b,\ c \leq y \leq d\}$$
における $z = f(x,y)$ のグラフの下の部分の立体の体積を考える．

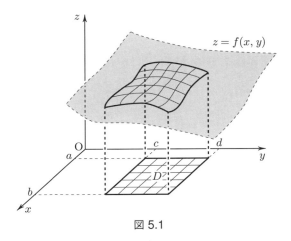

図 5.1

1変数関数のときの定積分の定義 (3.5 節) と同様に,

$$\Delta : \begin{aligned} a = x_0 < x_1 < \cdots < x_{m-1} < x_m = b \\ c = y_0 < y_1 < \cdots < y_{n-1} < y_n = d \end{aligned}$$

と分割して,

$$M_{ij} = \sup\{f(x,y) \mid x_{i-1} \le x \le x_i,\ y_{j-1} \le y \le y_j\}$$
$$m_{ij} = \inf\{f(x,y) \mid x_{i-1} \le x \le x_i,\ y_{j-1} \le y \le y_j\}$$

$(i = 1, 2, \ldots, m;\ j = 1, 2, \ldots, n)$ とおき,

$$S(\Delta) = \sum_{i=1}^{m} \sum_{j=1}^{n} M_{ij}(x_i - x_{i-1})(y_j - y_{j-1})$$
$$s(\Delta) = \sum_{i=1}^{m} \sum_{j=1}^{n} m_{ij}(x_i - x_{i-1})(y_j - y_{j-1})$$

とする.

$$S = \inf_{\Delta} S(\Delta)$$
$$s = \sup_{\Delta} s(\Delta)$$

とおいたとき,$S = s$ ならば $f(x,y)$ は D で**重積分可能**といい,この値を

$$\iint_D f(x,y)\, dxdy$$

とする.

定理 3.4 と同様に次の定理が成り立つが,証明は省略する.

定理 5.1 xy 平面の長方形領域 $D = \{(x,y) \mid a \le x \le b,\ c \le y \le d\}$ において,2 変数関数 $f(x,y)$ が連続なとき,重積分 $\iint_D f(x,y)\, dxdy$ が存在する.

一般の有界領域 $D \subset \mathbb{R}^2$ に対しては,$D \subset \widetilde{D}$ となる長方形領域 $\widetilde{D} = \{(x,y) \mid a \le x \le b, c \le y \le d\}$ をとり,関数 $\widetilde{f}(x,y)$ を

$$\widetilde{f}(x,y) = \begin{cases} f(x,y), & (x,y) \in D \\ 0, & \text{それ以外} \end{cases}$$

とおく．$\iint_{\widetilde{D}} \widetilde{f}(x,y)\,dxdy$ が存在するとき，これを $\iint_{D} f(x,y)\,dxdy$ と定める．

定理 5.1 とは異なり，$f(x,y)$ が連続であっても D が複雑な領域であれば，$\iint_{D} f(x,y)\,dxdy$ が存在しないことがある．

同様に，3 変数関数 $f(x,y,z)$ の領域 $V \subset \mathbb{R}^3$ における 3 重積分 $\iiint_{V} f(x,y,z)\,dxdydz$ も定義できる．領域 $D \subset \mathbb{R}^2$ の面積は，定理 3.11 で述べたように 1 変数関数の定積分で求められるが，これを 2 重積分を用いて $\iint_{D} dxdy$ と表すこともできる．同様に，領域 $V \subset \mathbb{R}^3$ の体積を $\iiint_{V} dxdydz$ と表すことができる．

5.2 累次積分

複雑ではない領域として，**縦線領域**
$$\{(x,y) \mid a \leq x \leq b,\ \varphi_1(x) \leq y \leq \varphi_2(x)\}$$
や**横線領域**
$$\{(x,y) \mid c \leq y \leq d,\ \psi_1(y) \leq x \leq \psi_2(y)\}$$
のときを考える．ここで，$\varphi_1(x), \varphi_2(x), \psi_1(y), \psi_2(y)$ は連続関数とする．

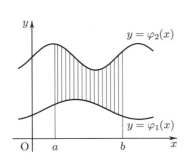
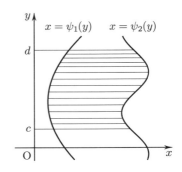

図 5.2　縦線領域 (左) と横線領域 (右)

定理 5.2 縦線領域または横線領域 D において，2 変数関数 $f(x,y)$ が連続なとき，重積分 $\displaystyle\iint_D f(x,y)\,dxdy$ が存在する．

$f(x,y) > 0$ のとき，縦線領域 $D = \{(x,y) \mid a \leq x \leq b,\ \varphi_1(x) \leq y \leq \varphi_2(x)\}$ における $z = f(x,y)$ のグラフの下の部分の立体を考える．

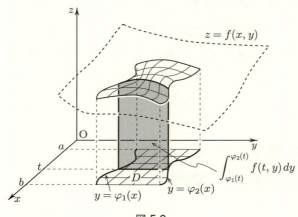

図 5.3

この立体の $x = t$ による切り口の面積は，$\displaystyle\int_{\varphi_1(t)}^{\varphi_2(t)} f(t,y)\,dy$ である．よって，定理 3.13 により，立体の体積は，

$$\int_a^b \left(\int_{\varphi_1(x)}^{\varphi_2(x)} f(x,y)\,dy \right) dx$$

となる．以上より，

$$\iint_D f(x,y)\,dxdy = \int_a^b \left(\int_{\varphi_1(x)}^{\varphi_2(x)} f(x,y)\,dy \right) dx$$

である．この右辺を**累次積分**といい，

$$\int_a^b dx \int_{\varphi_1(x)}^{\varphi_2(x)} f(x,y)\,dy$$

と書く．

5.2 累次積分

計算としては，$f(x,y)$ をまず y だけの関数であるかのように定積分して（この段階で y は消えて x だけの関数が残る），その後，x の関数として定積分する．つまり，偏微分のような，いわば『偏積分』ともいえる計算で累次積分は計算できる．

また，横線領域 $D = \{(x,y) \mid c \leq y \leq d,\ \psi_1(y) \leq x \leq \psi_2(y)\}$ の場合も同様に，

$$\iint_D f(x,y)\,dxdy = \int_c^d \left(\int_{\psi_1(y)}^{\psi_2(y)} f(x,y)\,dx\right) dy$$
$$= \int_c^d dy \int_{\psi_1(y)}^{\psi_2(y)} f(x,y)\,dx$$

となる．

$f(x,y) > 0$ とは限らないときは，$\iint_D f(x,y)\,dxdy$ は『体積』ではないが，同様に，累次積分で重積分が計算できる．

積分範囲が縦線領域かつ横線領域のときは，

$$\int_a^b dx \int_{\varphi_1(x)}^{\varphi_2(x)} f(x,y)\,dy = \int_c^d dy \int_{\psi_1(y)}^{\psi_2(y)} f(x,y)\,dx$$

となり，**累次積分の順序交換**が成り立つ．

順序を変更することにより計算ができるようになることもある．

例題 5.1 累次積分 $\displaystyle\int_0^1 dy \int_0^y e^{(1-x)^2} dx$ を計算せよ．

不定積分 $\displaystyle\int e^{(1-x)^2} dx$ は求められないので，このままの順序では計算できないことに注意．

《解》
$$\int_0^1 dy \int_0^y e^{(1-x)^2} dx = \int_0^1 dx \int_x^1 e^{(1-x)^2} dy$$
$$= \int_0^1 (1-x)e^{(1-x)^2} dx$$
$$= \left[\frac{1}{-2} e^{(1-x)^2}\right]_0^1 = \frac{e-1}{2} \qquad \square$$

1変数の連続関数 $f(x)$ に対して, $f_1(x) = \int_0^x f(y)\,dy$ とおき, $f_2(x) = \int_0^x f_1(y)\,dy$ とすると,

$$f_2(x) = \int_0^x dy \int_0^y f(z)\,dz$$
$$= \int_0^x dz \int_z^x f(z)\,dy$$
$$= \int_0^x (x-z)f(z)\,dz = \int_0^x (x-y)f(y)\,dy$$

である. $f_3(x) = \int_0^x f_2(y)\,dy$ とすると,

$$f_3(x) = \int_0^x dy \int_0^y (y-z)f(z)\,dz$$
$$= \int_0^x dz \int_z^x (y-z)f(z)\,dy$$
$$= \int_0^x \frac{(x-z)^2}{2} f(z)\,dz = \int_0^x \frac{(x-y)^2}{2} f(y)\,dy$$

同様に, $f_n(x) = \int_0^x f_{n-1}(y)\,dy$ とすると,

$$f_n(x) = \int_0^x \frac{(x-y)^{n-1}}{(n-1)!} f(y)\,dy$$

がわかる. 微分積分学の基本定理 (定理 3.7) より $f_n'(x) = f_{n-1}(x)$ であり, $f_1'(x) = f(x)$ であるから,

$$f_n^{(n)}(x) = \frac{d^n f_n}{dx^n}(x) = f(x) \tag{5.1}$$

となる.

ここで, 問題 3.15 (2) から, $(n-1)!$ を $\Gamma(n)$ と書いてみると,

$$f_n(x) = \int_0^x \frac{(x-y)^{n-1}}{\Gamma(n)} f(y)\,dy$$

となるが, これは, $n > 0$ であれば n が自然数でないときにも定義できる. こうすることによって, (5.1) を自然数ではない階数の微分と考えることができるようになる. 例えば, 問題 5.11 から $\Gamma(\frac{3}{2}) = \frac{\sqrt{\pi}}{2}$ がわかるので

$$g(x) = \frac{2}{\sqrt{\pi}} \int_0^x \sqrt{x-y} f(y)\, dy$$

とおくと,

$$g^{(3/2)}(x) = f(x)$$

と考えられる.

5.3　変数変換

ここでは，1 変数関数の積分のときの「置換積分」に相当する計算を 2 変数関数の重積分に対して行う．

> **定理 5.3**　uv 平面から xy 平面への写像
> $$(u,v) \mapsto (x(u,v), y(u,v))$$
> によって，uv 平面の領域 E が xy 平面の領域 D に 1 対 1 に写されるとする．ヤコビアン
> $$\det(J) = \frac{\partial(x,y)}{\partial(u,v)} \neq 0$$
> とし，2 変数関数 $f(x,y)$ は D で積分可能とすると，
> $$\iint_D f(x,y)\, dxdy = \iint_E f(x(u,v), y(u,v)) |\det(J)|\, dudv$$
> である．

証明は省略するが，ヤコビアン $\det(J) = |J|$ にさらに絶対値がついているのは，2 次元図形の向きを考えないためである．

例えば，$\int_0^1 \sqrt{1-x^2}\, dx$ を $x = \cos t$ と置換するとき，普通はいったん $\int_{\pi/2}^0 \sqrt{1-\cos^2 t}\, (-\sin t)\, dt$ となったものを，$-\sin t\, (= \frac{dx}{dt})$ の負号で積分の上端下端を入れ替えるが，最初から「積分範囲は常に大小をそろえて書き，$\frac{dx}{dt}$

に絶対値をつける」という公式だとして，いきなり $\int_0^{\pi/2} \sqrt{1-\cos^2 t}\,|\sin t|\,dt$ としてもかまわない．なぜなら，x と t は 1 対 1 なので，積分範囲の上下の大小が逆になるということは，$\dfrac{dx}{dt} < 0$ を意味しているからである．2 次元の場合は，積分範囲の領域の向きを考えないため，$dudv$ の前のヤコビアンに絶対値をつけるのである．

例題 5.2

$$I = \iint_D (x-y)e^{x+y}\,dxdy$$

を求めよ．ただし，$D = \{(x,y) \mid -1 \leq x+y \leq 1,\ -2 \leq x-3y \leq 2\}$ とする．

D を図示すると縦線領域であることがわかるので，そのまま累次積分で計算することもできるが，変数変換するほうがやさしい．また，被積分関数をみると，$u = x-y, v = x+y$ とおきたくなるかもしれないが，積分領域から考えるほうがやさしい．

《解》 $u = x+y, v = x-3y$ とおくと，$x = \dfrac{3u+v}{4}, y = \dfrac{u-v}{4}$ なので，ヤコビアンは

$$\det(J) = \begin{vmatrix} x_u & x_v \\ y_u & y_v \end{vmatrix} = \begin{vmatrix} \frac{3}{4} & \frac{1}{4} \\ \frac{1}{4} & -\frac{1}{4} \end{vmatrix} = -\frac{1}{4}$$

であり，$E = \{(u,v) \mid -1 \leq u \leq 1, -2 \leq v \leq 2\}$ として

$$\begin{aligned}
I &= \iint_E \frac{2u+2v}{4} e^u \left|-\frac{1}{4}\right| dudv \\
&= \frac{1}{8} \int_{-1}^1 du \int_{-2}^2 (u+v)e^u\,dv \\
&= \frac{1}{8} \int_{-1}^1 \left[\left(uv + \frac{v^2}{2}\right)e^u\right]_{-2}^2 du \\
&= \frac{1}{8} \int_{-1}^1 4ue^u\,du = \frac{1}{2}\bigl[(u-1)e^u\bigr]_{-1}^1 = e^{-1} \qquad \square
\end{aligned}$$

例題 5.3 (極座標)

$$I = \iint_D (x^2+y^2)\,dxdy$$

を求めよ．ただし，$D = \{(x,y) \mid x^2+y^2 \leq a^2\}$ とする．$(a>0)$

《解》 極座標 $x = r\cos\theta, y = r\sin\theta$ と変換すると，ヤコビアンは

$$\det(J) = \begin{vmatrix} x_r & x_\theta \\ y_r & y_\theta \end{vmatrix} = \begin{vmatrix} \cos\theta & -r\sin\theta \\ \sin\theta & r\cos\theta \end{vmatrix} = r \geq 0$$

となる．よって $E = \{(r,\theta) \mid 0 \leq r \leq a,\ 0 \leq \theta < 2\pi\}$ とすると，

$$I = \iint_E r^2\,r\,drd\theta = \int_0^{2\pi} d\theta \int_0^a r^3\,dr = \frac{\pi}{2}a^4 \qquad \square$$

細かいことをいうと，極座標は原点において 1 対 1 の写像になっていないのであるが，1 点だけなので積分の値には影響しない．

《参考》 3 次元の場合の極座標は，点 $P(x,y,z)$ に対して，

$$x = r\sin\theta\cos\phi, \quad y = r\sin\theta\sin\phi, \quad z = r\cos\theta$$

である．ここで，$r = \sqrt{x^2+y^2+z^2}$ は原点と点 (x,y,z) の距離，θ は z 軸の正の向きと半直線 OP のなす角，ϕ は，$P'(x,y,0)$ とするとき，x 軸の正の向きと半直線 OP' のなす角を表している．

例えば，$D = \{(x,y,z) \mid x^2+y^2+z^2 \leq a^2\}$, $E = \{(r,\theta,\phi) \mid 0 \leq r \leq a, 0 \leq \theta \leq \pi, 0 \leq \phi < 2\pi\}$ に対して，

$$\iiint_D f(x,y,z)\,dxdydz$$
$$= \iiint_E f(r\sin\theta\cos\phi, r\sin\theta\sin\phi, r\cos\theta) \left| \frac{\partial(x,y,z)}{\partial(r,\theta,\phi)} \right| drd\theta d\phi$$

である．ここで，

$$\frac{\partial(x,y,z)}{\partial(r,\theta,\phi)} = \begin{vmatrix} x_r & x_\theta & x_\phi \\ y_r & y_\theta & y_\phi \\ z_r & z_\theta & z_\phi \end{vmatrix} = \begin{vmatrix} \sin\theta\cos\phi & r\cos\theta\cos\phi & -r\sin\theta\sin\phi \\ \sin\theta\sin\phi & r\cos\theta\sin\phi & r\sin\theta\cos\phi \\ \cos\theta & -r\sin\theta & 0 \end{vmatrix}$$
$$= r^2\sin\theta\ (\geq 0)$$

1変数の置換積分のときに3.3節で超絶技法を紹介したが,2変数の場合にも様々な置換法がある.

例 5.1 領域 $D = \{(x,y) \mid x \geq 0, y \geq 0, x+y \leq a\}$ $(a > 0)$ に対して,$u = x, v = x+y$ とおくと,$x = u, y = v - u$ なので,D の条件から,$u \geq 0$,$v - u \geq 0, v \leq a$ である.よって,$E = \{(u,v) \mid 0 \leq u \leq v \leq a\}$ となる.また,ヤコビアンは

$$\det(J) = \begin{vmatrix} x_u & x_v \\ y_u & y_v \end{vmatrix} = \begin{vmatrix} 1 & 0 \\ -1 & 1 \end{vmatrix} = 1$$

である.以上より,

$$\iint_D f(x,y)\,dxdy = \iint_E f(u, v-u)\,dudv$$

となる.

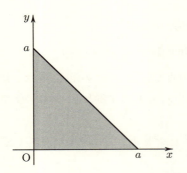

図 5.4 例 5.1, 5.2, 5.3 の領域 D

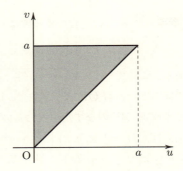

図 5.5 例 5.1 の領域 E

例 5.2 領域 $D = \{(x,y) \mid x \geq 0, y \geq 0, x+y \leq a\}$ $(a > 0)$ に対して,$u = x - y, v = x + y$ とおくと,$x = \frac{1}{2}(u+v), y = \frac{1}{2}(v-u)$ なので,D の条件から,$u + v \geq 0, v - u \geq 0, v \leq a$ である.よって,$E = \{(u,v) \mid 0 \leq v \leq a,$ $-v \leq u \leq v\}$ となる.また,ヤコビアンは

$$\det(J) = \begin{vmatrix} x_u & x_v \\ y_u & y_v \end{vmatrix} = \begin{vmatrix} \frac{1}{2} & \frac{1}{2} \\ -\frac{1}{2} & \frac{1}{2} \end{vmatrix} = \frac{1}{2}$$

である．以上より，

$$\iint_D f(x,y)\,dxdy = \iint_E f(\tfrac{1}{2}(u+v), \tfrac{1}{2}(v-u))\tfrac{1}{2}\,dudv$$

となる．

例 5.3 領域 $D = \{(x,y) \mid x \geq 0, y \geq 0, x+y \leq a\}$ $(a > 0)$ に対して，$x = uv, y = u(1-v)$ とおくと，$u = x+y$ なので，$x+y \leq a$ により $u \leq a$ である．$x \geq 0, y \geq 0$ により $uv \geq 0, u(1-v) \geq 0$ となるが，$u < 0$ とすると $v \leq 0$ かつ $1-v \leq 0$ となるので不適．よって，$u \geq 0$ から $0 \leq v \leq 1$ となり，$E = \{(u,v) \mid 0 \leq u \leq a, 0 \leq v \leq 1\}$ となる．また，ヤコビアンは

$$\det(J) = \begin{vmatrix} x_u & x_v \\ y_u & y_v \end{vmatrix} = \begin{vmatrix} v & u \\ 1-v & -u \end{vmatrix} = -u$$

となるが，$u \geq 0$ なので，$|\det(J)| = u$ である．以上より，

$$\iint_D f(x,y)\,dxdy = \iint_E f(uv, u(1-v))\,u\,dudv$$

となる．

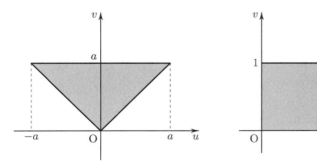

図 5.6 例 5.2 の領域 E 　　　図 5.7 例 5.3 の領域 E

5.4 重積分の応用

重積分の定義からわかるように，重積分を使って体積を計算することができる．1 変数での面積の問題と同様に，どんな範囲でどの関数で囲まれているかを考えればよい．

例題 5.4 球 $x^2+y^2+z^2 \leq a^2$ と円柱 $x^2+y^2 \leq ax$ の共通部分の立体の体積 V を求めよ．$(a>0)$

《解》 積分範囲は $D = \{(x,y) \mid x^2+y^2 \leq ax\}$ であり，上面は $z = \sqrt{a^2-x^2-y^2}$，下面は $z = -\sqrt{a^2-x^2-y^2}$ である．よって，求める体積 V は，

$$V = \iint_D \left\{\sqrt{a^2-x^2-y^2} - \left(-\sqrt{a^2-x^2-y^2}\right)\right\} dxdy$$
$$= 2\iint_D \sqrt{a^2-x^2-y^2}\, dxdy$$

である．

極座標 $x = r\cos\theta, y = r\sin\theta$ で変換して，

$$V = 2\iint_E \sqrt{a^2-r^2}\, r\, drd\theta$$

ここで，$E = \{(r,\theta) \mid -\frac{\pi}{2} < \theta < \frac{\pi}{2}, 0 \leq r \leq a\cos\theta\}$ である．

$$V = 2\int_{-\pi/2}^{\pi/2} d\theta \int_0^{a\cos\theta} r\sqrt{a^2-r^2}\, dr$$
$$= 2\int_{-\pi/2}^{\pi/2} \left[\frac{1}{-3}(a^2-r^2)^{3/2}\right]_0^{a\cos\theta} d\theta$$
$$= \frac{2}{3}\int_{-\pi/2}^{\pi/2} \left\{(a^2)^{3/2} - (a^2 - a^2\cos^2\theta)^{3/2}\right\} d\theta$$

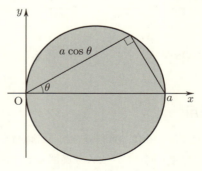

図 5.8 $D = \{x^2+y^2 \leq ax\}$

5.4 重積分の応用

$$= \frac{2}{3}a^3 \int_{-\pi/2}^{\pi/2} \left\{1 - (\sin^2\theta)^{3/2}\right\} d\theta$$

$$= \frac{4}{3}a^3 \int_0^{\pi/2} \left(1 - \sin^3\theta\right) d\theta$$

$$= \frac{4}{3}a^3 \left([\theta]_0^{\pi/2} - \frac{2}{3}\right)$$

$$= \frac{4}{3}a^3 \left(\frac{\pi}{2} - \frac{2}{3}\right)$$

$$= \frac{2}{9}a^3 (3\pi - 4) \qquad \square$$

例題 5.5 円柱 $x^2 + z^2 \leq a^2$ と円柱 $x^2 + y^2 \leq a^2$ の共通部分の立体の体積 V を求めよ. $(a > 0)$

《解》 積分範囲は $D = \{(x,y) \mid x^2 + y^2 \leq a^2\}$ であり,上面は $z = \sqrt{a^2 - x^2}$,下面は $z = -\sqrt{a^2 - x^2}$ である.よって,求める体積 V は,

$$V = \iint_D \left\{\sqrt{a^2 - x^2} - \left(-\sqrt{a^2 - x^2}\right)\right\} dxdy$$

$$= 2\iint_D \sqrt{a^2 - x^2}\, dxdy$$

である.変数変換せずに,縦線領域として累次積分すると

$$V = 2\int_{-a}^a dx \int_{-\sqrt{a^2-x^2}}^{\sqrt{a^2-x^2}} \sqrt{a^2 - x^2}\, dy$$

$$= 4\int_{-a}^a (a^2 - x^2)\, dx$$

$$= 4\left[a^2 x - \frac{x^3}{3}\right]_{-a}^a$$

$$= \frac{16}{3}a^3 \qquad \square$$

ここでは,あえて図形の対称性などを使わずに計算したが,実際,図形の形がまったくわからなくても,式を立てて計算することはできる.

例題 5.6 $z = 5x^2 + xy - y^2 - 3$ と $z = -3x^2 + xy - 3y^2 + 5$ とで囲まれる立体の体積 V を求めよ．

《解》 $5x^2 + xy - y^2 - 3 \geq -3x^2 + xy - 3y^2 + 5$ となるのは $x^2 + \dfrac{y^2}{4} \geq 1$ だから，囲まれる領域があるのは $D = \{(x,y) \mid x^2 + \frac{y^2}{4} \leq 1\}$ 上であり，この範囲で $5x^2 + xy - y^2 - 3 \leq -3x^2 + xy - 3y^2 + 5$ である．

よって，求める体積 V は

$$V = \iint_D \{(-3x^2 + xy - 3y^2 + 5) - (5x^2 + xy - y^2 - 3)\}\,dxdy$$
$$= \iint_D (-8x^2 - 2y^2 + 8)\,dxdy$$

である．
$x = r\cos\theta$, $y = 2r\sin\theta$ とおくと，ヤコビアンは

$$\det(J) = \begin{vmatrix} \cos\theta & -r\sin\theta \\ 2\sin\theta & 2r\cos\theta \end{vmatrix} = 2r \ (\geq 0)$$

となるので，$E = \{(r,\theta) \mid 0 \leq r \leq 1,\ 0 \leq \theta < 2\pi\}$ として，

$$V = \iint_E (-8r^2 + 8) 2r\,drd\theta$$
$$= 16 \int_0^{2\pi} d\theta \int_0^1 (-r^3 + r)\,dr = 8\pi \qquad \square$$

曲面積については，次の定理が知られている．(証明略)

定理 5.4 関数 $f(x,y)$ は C^1 級とする．曲面 $z = f(x,y)$ の領域 D の範囲における面積は

$$\iint_D \sqrt{1 + (f_x(x,y))^2 + (f_y(x,y))^2}\,dxdy$$

である．

5.4 重積分の応用

体積の問題と同じように,積分範囲と曲面を表す関数を考えて,曲面の関数を $f(x,y)$ のまま積分する代わりに $\sqrt{1+(f_x(x,y))^2+(f_y(x,y))^2}$ として積分すれば,曲面積は計算できる.

例題 5.7 球面 $x^2+y^2+z^2=a^2$ の円柱 $x^2+y^2 \leq ax$ の内部にある部分の面積 S を求めよ.$(a>0)$

《解》 xy 平面の上と下にあるので,求める面積は $D=\{(x,y) \mid x^2+y^2 \leq ax\}$ の範囲で $z=\sqrt{a^2-x^2-y^2}$ の面積を 2 倍すればよい.$z_x=-\dfrac{x}{\sqrt{a^2-x^2-y^2}}, z_y=-\dfrac{y}{\sqrt{a^2-x^2-y^2}}$ より,

$$S = 2\iint_D \sqrt{1+\frac{x^2}{a^2-x^2-y^2}+\frac{y^2}{a^2-x^2-y^2}}\,dxdy$$
$$= 2\iint_D \frac{a}{\sqrt{a^2-x^2-y^2}}\,dxdy$$

極座標 $x=r\cos\theta, y=r\sin\theta$ と変換して,例題 5.4 と同様に $E=\{(r,\theta) \mid -\frac{\pi}{2}<\theta<\frac{\pi}{2}, 0 \leq r \leq a\cos\theta\}$ とおくと

$$S = 2\iint_E \frac{a}{\sqrt{a^2-r^2}}\,r\,drd\theta$$
$$= 2a\int_{-\pi/2}^{\pi/2} d\theta \int_0^{a\cos\theta} \frac{r}{\sqrt{a^2-r^2}}\,dr$$
$$= 2a\int_{-\pi/2}^{\pi/2} \left[-\sqrt{a^2-r^2}\right]_0^{a\cos\theta} d\theta$$
$$= 2a^2 \int_{-\pi/2}^{\pi/2} \left(1-\sqrt{1-\cos^2\theta}\right)d\theta$$
$$= 4a^2 \int_0^{\pi/2} (1-\sin\theta)\,d\theta$$
$$= 4a^2 \left[\theta+\cos\theta\right]_0^{\pi/2}$$
$$= 4a^2 \left(\frac{\pi}{2}-1\right) = 2a^2(\pi-2) \qquad \square$$

5.5　広義重積分

3.7 節で 1 変数関数の広義積分を計算したが，本節では 2 変数関数の重積分の広義積分について解説する．基本的に，1 変数の広義積分のときと同じで，定義できない部分を少し削って極限をとる，という手順で行うが，2 次元なので極限をとる部分の記述が少々複雑になる．

定義 5.1 $\iint_D f(x,y)\,dxdy$ で $f(x,y) \geq 0$ とする．D が有界でないとき，

(1) $D_1 \subset D_2 \subset D_3 \subset \cdots \subset D$

(2) $\bigcup_{n=1}^{\infty} D_n = D$

(3) 任意の有界閉集合 $H\ (\subset D)$ に対して，$D_n \supset H$ となる D_n が存在する．

を満たすすべての集合列 $\{D_n\}$ で $\lim_{n\to\infty} \iint_{D_n} f(x,y)\,dxdy$ が存在して同じ値になるとき，この値を $\iint_D f(x,y)\,dxdy$ と定める．

定理 5.5 $f(x,y) \geq 0$ のとき，条件 (1)〜(3) を満たすあるひとつの列 $\{D_n\}$ で $\lim_{n\to\infty} \iint_{D_n} f(x,y)\,dxdy$ が存在すれば，$f(x,y)$ は D で広義重積分可能で，

$$\lim_{n\to\infty} \iint_{D_n} f(x,y)\,dxdy = \iint_D f(x,y)\,dxdy$$

《証明》　条件 (1)〜(3) を満たす別の集合列 $\{E_n\}$ をとる．$a_n = \iint_{D_n} f(x,y)\,dxdy,\ b_n = \iint_{E_n} f(x,y)\,dxdy$ とおく．仮定より，$\lim_{n\to\infty} a_n = S$ が存在する．

条件 (2), (3) から，$E_n \subset D_m$ を満たす D_m が存在する．$f(x,y) \geq 0$ なので $b_n \leq a_m$ が成り立つが，$\lim_{m\to\infty} a_m = S$ が存在することから $\{b_n\}$ は上に有界である．一方，条件 (1) (を $\{E_n\}$ について述べたもの) から，$\{b_n\}$ は単調増加である．よって $\{b_n\}$ は収束し，$T = \lim_{n\to\infty} b_n$ とおくと，$T \leq S$ であ

る．$\{D_n\}$ と $\{E_n\}$ の立場を入れ替えて同様にして，$S \leq T$ がわかる．よって，$S = T$ となり，$f(x,y)$ は D で広義重積分可能である． ∎

例題 5.8
$$\int_0^\infty e^{-x^2} dx = \frac{\sqrt{\pi}}{2}$$

《解》 $I = \displaystyle\int_0^\infty e^{-x^2} dx$ とおく．

$$I^2 = \int_0^\infty e^{-x^2} dx \int_0^\infty e^{-y^2} dy = \iint_D e^{-(x^2+y^2)} dxdy$$

ここで，$D = \{(x,y) \mid x \geq 0, y \geq 0\}$ で，広義重積分である．

$D_n = \{(x,y) \mid x^2 + y^2 \leq n^2, x \geq 0, y \geq 0\}$ とすると，$\{D_n\}$ は条件 (1)〜(3) を満たすので，

$$I_n = \iint_{D_n} e^{-(x^2+y^2)} dxdy$$

とおくと，$\displaystyle\lim_{n\to\infty} I_n = I^2$ である．

極座標 $x = \cos\theta, y = \sin\theta$ で変換して，

$$I_n = \iint_{E_n} e^{-r^2} r\, drd\theta$$

となる．ここで，$E_n = \{(r,\theta) \mid 0 \leq r \leq n, 0 \leq \theta \leq \frac{\pi}{2}\}$ である．

$$I_n = \int_0^{\pi/2} d\theta \int_0^n re^{-r^2} dr = \frac{\pi}{4}(1 - e^{-n^2}) \to \frac{\pi}{4} \quad (n \to \infty)$$

により，$I^2 = \dfrac{\pi}{4}$ となり，$I = \dfrac{\sqrt{\pi}}{2}$ である． □

$\displaystyle\iint_D f(x,y)\,dxdy$ で D が有界であったとしても，その内部で $f(x,y)$ が定義されていない点があるときは，その点を避けて定義 5.1 の条件 (1)〜(3) を満たす $\{D_n\}$ を用いて，$\displaystyle\iint_{D_n} f(x,y)\,dxdy$ の極限値 (があれば，それ) で $\displaystyle\iint_D f(x,y)\,dxdy$ を定義する．

例題 5.9 $\displaystyle\iint_D \frac{dxdy}{\sqrt{x-y}}$ を求めよ．ただし，$D=\{(x,y) \mid 0 \leq y < x \leq 1\}$．

《解》 $\dfrac{1}{\sqrt{x-y}}$ は $y=x$ で定義されないため，そこを避けて，

$$D_n = \left\{(x,y) \mid \frac{1}{n} \leq y + \frac{1}{n} \leq x \leq 1\right\}$$

とすると，$\{D_n\}$ は条件 (1)〜(3) を満たす．

$$\begin{aligned}
\iint_{D_n} \frac{dxdy}{\sqrt{x-y}} &= \int_0^{1-\frac{1}{n}} dy \int_{y+\frac{1}{n}}^1 \frac{dx}{\sqrt{x-y}} \\
&= \int_0^{1-\frac{1}{n}} \left[2\sqrt{x-y}\right]_{y+\frac{1}{n}}^1 dy \\
&= \int_0^{1-\frac{1}{n}} \left(2\sqrt{1-y} - \frac{2}{\sqrt{n}}\right) dy \\
&= \left[-\frac{4}{3}(1-y)^{3/2} - \frac{2}{\sqrt{n}}y\right]_0^{1-\frac{1}{n}} \\
&= -\frac{4}{3}\left\{\left(\frac{1}{n}\right)^{3/2} - 1\right\} - \frac{2}{\sqrt{n}}\left(1 - \frac{1}{n}\right) \\
&\to \frac{4}{3} \quad (n \to \infty)
\end{aligned}$$

□

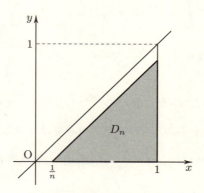

図 5.9 例題 5.9 の領域 D_n

5.5 広義重積分

例 5.4 ベータ関数とガンマ関数の関係式

$$\frac{\Gamma(p)\Gamma(q)}{\Gamma(p+q)} = B(p,q)$$

を例 5.3 の変数変換を用いて示すことができる.

$$\Gamma(p)\Gamma(q) = \int_0^\infty e^{-x}x^{p-1}dx \int_0^\infty e^{-y}y^{q-1}dy$$

$$= \iint_D e^{-(x+y)}x^{p-1}y^{q-1}dxdy$$

ここで, $D = \{(x,y) \mid x > 0, y > 0\}$ であり, 広義重積分である.

$D_n = \{(x,y) \mid x > 0, y > 0, x+y \leq n\}$ とすると, $\{D_n\}$ は条件 (1)~(3) を満たすので,

$$I_n = \iint_{D_n} e^{-(x+y)}x^{p-1}y^{q-1}dxdy$$

とおくと, $\lim_{n \to \infty} I_n = \Gamma(p)\Gamma(q)$ である.

一方, $x = uv, y = u(1-v)$ と変換すると, 例 5.3 と同様にして,

$$I_n = \iint_{E_n} e^{-u}(uv)^{p-1}u^{q-1}(1-v)^{q-1}u\,dudv$$

となる. ここで, $E_n = \{(u,v) \mid 0 < u \leq n, 0 < v < 1\}$ である.

$$I_n = \int_0^1 v^{p-1}(1-v)^{q-1}dv \int_0^n e^{-u}u^{p+q-1}du$$

$$\to B(p,q)\Gamma(p+q) \qquad (n \to \infty)$$

よって, $\dfrac{\Gamma(p)\Gamma(q)}{\Gamma(p+q)} = B(p,q)$ がいえた.

広義重積分において, $f(x,y)$ が正の値も負の値もとるときは,

$$D_1 = \{(x,y) \mid f(x,y) \geq 0\}$$

$$D_2 = \{(x,y) \mid f(x,y) \leq 0\}$$

として, $I_1 = \iint_{D_1} f(x,y)\,dxdy$ と $I_2 = \iint_{D_2} f(x,y)\,dxdy$ がともに存在す

るとき，$\iint_D f(x,y)\,dxdy = I_1 - I_2$ として定義する．そうでないときは，発散すると定める．

第5章の演習問題

[A]

問題 5.1 f を連続関数とする．次の積分順序を交換せよ．

(1) $\displaystyle\int_0^1 dx \int_0^{x^2} f(x,y)\,dy$
(2) $\displaystyle\int_0^1 dx \int_{1-x}^{1+x} f(x,y)\,dy$

(3) $\displaystyle\int_0^1 dx \int_{\sqrt{1-x^2}}^{2^x} f(x,y)\,dy$
(4) $\displaystyle\int_0^2 dx \int_{-\sqrt{2x-x^2}}^{\sqrt{2x-x^2}} f(x,y)\,dy$

(5) $\displaystyle\int_1^2 dx \int_{x(x-2)}^{\log x} f(x,y)\,dy$
(6) $\displaystyle\int_1^4 dx \int_0^{x(6-x)} f(x,y)\,dy$

問題 5.2 次の重積分の値を求めよ．

(1) $\displaystyle\iint_D \max\{x^2, y\}\,dxdy$
   ただし，$D = \{(x,y) \mid 0 \le x \le 1,\ 0 \le y \le 1\}$

(2) $\displaystyle\iint_D e^{y^2}\,dxdy$
   ただし，$D = \{(x,y) \mid 0 \le x \le 1,\ x \le y \le 1\}$

(3) $\displaystyle\iint_D \frac{x^2}{1+y^4}\,dxdy$
   ただし，$D = \{(x,y) \mid 0 \le x \le 1,\ x \le y \le 1\}$

(4) $\displaystyle\iint_D \cos(\pi y^2)\,dxdy$
   ただし，$D = \{(x,y) \mid 0 \le x \le 1,\ x \le y \le 1\}$

(5) $\displaystyle\iint_D \frac{dxdy}{y+1}$
   ただし，$D = \{(x,y) \mid 0 \le x \le 1,\ 0 \le y \le \sqrt{x}\}$

(6) $\displaystyle\iint_D \sqrt{y^2+y}\,dxdy$
   ただし，$D = \{(x,y) \mid 0 \le x \le 1,\ x^2 \le y \le 1\}$

(7) $\displaystyle\iint_D x\cos\frac{\pi(1-y)^2}{4}\,dxdy$
   ただし，$D = \{(x,y) \mid 0 \le x \le 1,\ 0 \le y \le x^2\}$

(8) $\iint_D y^{-3} e^{x/y}\, dxdy$

ただし，$D = \{(x,y) \mid 1 \leq x \leq 2,\ x \leq y \leq 2\}$

(9) $\iint_D \dfrac{dxdy}{\sqrt{y^3+1}}$

ただし，$D = \{(x,y) \mid 0 \leq x \leq 1,\ \sqrt{x} \leq y \leq 1\}$

(10) $\iint_D y e^{xy}\, dxdy$

ただし，$D = \left\{(x,y) \mid 1 \leq x \leq 2,\ \dfrac{1}{x} \leq y \leq 2\right\}$

(11) $\iint_D (x+y)\, dxdy$

ただし，$D = \{(x,y) \mid 0 \leq x \leq 3,\ 1 \leq y \leq \sqrt{4-x}\}$

(12) $\iint_D \sin\dfrac{\pi x}{2y}\, dxdy$

ただし，$D = \{(x,y) \mid 1 \leq x \leq 4,\ \sqrt{x} \leq y \leq \min\{x,2\}\}$

問題 5.3 $\iint_D f(x,y)\, dxdy$ を極座標に変換せよ．ただし，$D = \{(x,y) \mid 0 \leq x \leq a,\ 0 \leq y \leq a\}$ とする．$(a > 0)$

問題 5.4 適当な積分変数の変換を用いて，次の重積分の値を求めよ．

(1) $\iint_D dxdy$

ただし，$D = \{(x,y) \mid 4 \leq xy \leq 8,\ 5 \leq xy^2 \leq 15\}$

(2) $\iint_D dxdy$

ただし，$D = \{(x,y) \mid x^3 \leq y \leq 4x^3,\ y^3 \leq x \leq 4y^3\}$

(3) $\iint_D \{(x+y)^2 + (x-y)^5\}\, dxdy$

ただし，$D = \{(x,y) \mid 0 \leq x+y \leq 1,\ 0 \leq x-y \leq 1\}$

(4) $\iint_D (x-y)\sin(x+y)\, dxdy$

ただし，$D = \{(x,y) \mid 0 \leq x+y \leq \frac{\pi}{2},\ 0 \leq x-y \leq \frac{\pi}{2}\}$

(5) $\iint_D (x^2+y^2) e^{-(x+y)}\, dxdy$

ただし，$D = \{-1 \leq x+y \leq 1,\ -1 \leq x-y \leq 1\}$

(6) $\iint_D ye^{-xy}\,dxdy$

ただし，$D = \{(x,y) \mid 1 \leq xy \leq 2, 1 \leq y \leq 2\}$

(7) $\iint_D \dfrac{y}{x^2+y^2}\,dxdy$

ただし，$D = \{(x,y) \mid x^2 + y^2 \leq y\}$

(8) $\iint_D \sqrt{x^2+y^2}\,dxdy$

ただし，$D = \{(x,y) \mid 4 \leq x^2 + y^2 \leq 9\}$

(9) $\iint_D \dfrac{x}{y\sqrt{1+x^2+y^2}}\,dxdy$

ただし，$D = \{(x,y) \mid 0 \leq x \leq y, \frac{1}{2} \leq x^2 + y^2 \leq 1\}$

(10) $\iint_D xy\,dxdy$

ただし，$D = \left\{(x,y) \mid 1 \leq \dfrac{y^2}{x} \leq 2, 1 \leq \dfrac{x^2}{y} \leq 3\right\}$

(11) $\iint_D y\,dxdy$

ただし，$D = \{(x,y) \mid y \leq x^2 \leq 27y, \frac{1}{8}x \leq y^2 \leq x\}$

(12) $\iint_D e^{-(x+y)^2}\,dxdy$

ただし，$D = \{(x,y) \mid x \geq 0, y \geq 0, x + y \leq 1\}$

(13) $\iint_D \dfrac{dxdy}{(x+y)(1+e^{x+y})}$

ただし，$D = \{(x,y) \mid x \geq 0, y \geq 0, x + y \leq 1\}$

(14) $\iint_D (x+y)\left(1 + \dfrac{y}{x}\right)dxdy$

ただし，$D = \{(x,y) \mid 0 \leq y \leq x - 1 \leq 1\}$

(15) $\iint_D \cos\dfrac{x-y}{x+y}\,dxdy$

ただし，$D = \{(x,y) \mid x \geq 0, y \geq 0, x + y \leq 1\}$

(16) $\iint_D (x^2+y^2)\,dxdy$

ただし，$D = \{(x,y) \mid 1 \leq x^2 - y^2 \leq 9, 2 \leq xy \leq 4\}$

問題 5.5 次の立体の体積を求めよ．

(1) $z = x^2 + y^2$ と $z = 1$ で囲まれる立体．

(2) $z = x^2 + y^2$ と $z = x$ で囲まれる立体.
(3) $x^2 + y^2 = 2x$ と $z = y$ と $z = 1$ とで囲まれる立体.
(4) $x^2 + y^2 + z^2 \leq a^2$ の, $z = b$ より上にある部分. $(a > b > 0)$
(5) $x^2 + y^2 + z^2 \leq 4$ と $x^2 + y^2 + z^2 \leq 4z$ の共通部分.
(6) $x^2 + y^2 \leq 4y$ の $z \geq 0$ の部分から, $z = x^2 y$ によって切り取られる部分.
(7) 集合 $\Omega = \{(x, y, z) \mid 0 \leq x \leq 1, x \leq y \leq 1, 0 \leq z \leq x^2 e^{y^2}\}$ で表される立体.
(8) $z = x^2 + 4y^2$ と $z = 8 - x^2 - 4y^2$ とで囲まれる立体.
(9) $z = 5x^2 + 3y^2 - 17$ と $z = x^2 - 6y^2 + 19$ とで囲まれる立体.
(10) $z = (9x^2 + y^2)(7 - 4x^2)$ と $z = (9x^2 + y^2)(5x^2 + y^2 - 2)$ とで囲まれる立体.
(11) $z = x + y$, $x = 0$, $y = 0$, $z = 6$ で囲まれる立体.
(12) $z = 4 - x^2$, $x = 0$, $y = 0$, $y = 6$, $z = 0$ で囲まれる立体.
(13) $z = x^2 + y^2$, $x^2 + y^2 = a^2$, $z = 0$ で囲まれる立体. $(a > 0)$
(14) $z = x^2 + y^2$, $z = \sqrt{x^2 + y^2}$ で囲まれる立体.
(15) $\dfrac{x}{a} + \dfrac{y}{b} + \dfrac{z}{c} = 1$, $x = 0$, $y = 0$, $z = 0$ で囲まれる立体. $(a, b, c > 0)$
(16) $z = x^2 + y^2$, $x = a$, $y = a$, $z = 0$ で囲まれる立体. $(a > 0)$
(17) $z = 4 - x^2 - y^2$ と xy 平面で囲まれる立体.

問題 5.6 次の面積を求めよ
(1) 半径 a の球の表面積. $(a > 0)$
(2) 曲面 $z = \sqrt{2xy}$ の, $0 \leq x \leq 1$, $0 \leq y \leq 2$ の部分.
(3) 曲面 $y^2 + z^2 = 1$ の, $-1 \leq y \leq x \leq 1$ の部分.
(4) $x^2 + y^2 + z^2 = a^2$ の, $z = b$ より上にある部分. $(a > b > 0)$
(5) $z = x^2 + y^2$ の, $z = a^2$ より下にある部分.
(6) $z = \sqrt{x^2 + y^2}$ の, $z = \frac{1}{2}x + 3$ より下にある部分.
(7) 円柱 $y^2 + z^2 = a^2$ の表面で, 円柱 $x^2 + y^2 = a^2$ の内部にある部分.
(8) 球 $x^2 + y^2 + z^2 \leq 4$ と球 $x^2 + y^2 + z^2 \leq 4z$ の共通部分の立体の全表面積.

問題 5.7 次の広義重積分を計算せよ.
(1) $\displaystyle\iint_D \log \sqrt{x^2 + y^2}\, dxdy$
ただし, $D = \{(x, y) \mid x^2 + y^2 \leq 1\}$
(2) $\displaystyle\iint_D \dfrac{dxdy}{\sqrt{x^2 + y^2}}$
ただし, $D = \{(x, y) \mid x^2 + y^2 \leq 1, 0 \leq y \leq x\}$

(3) $\iint_D \dfrac{dxdy}{\sqrt{1-x^2-y^2}}$
ただし，$D = \{(x,y) \mid x^2 + y^2 \leq 1\}$

(4) $\iint_D (x^2 + y^2 + 1)^{-3/2}\, dxdy$
ただし，$D = \mathbb{R}^2$

(5) $\iint_D (x + y + 1)^{-3}\, dxdy$
ただし，$D = \{(x,y) \mid x \geq 0,\, y \geq 0\}$

[B]

問題 5.8 次の問に答えよ．

(1) $\dfrac{\partial}{\partial y} \dfrac{y}{x^2 + y^2}$ を計算せよ．

(2) $f(x,y) = \dfrac{x^2 - y^2}{(x^2 + y^2)^2}$ とする．$\displaystyle\int_0^1 dx \int_0^1 f(x,y)\, dy \neq \int_0^1 dy \int_0^1 f(x,y)\, dx$
となることを示せ．

問題 5.9 C^1 級の曲線 $y = f(x)$ $(a \leq x \leq b)$ を x 軸の周りに回転してできる曲面の曲面積 S は次の式で与えられることを示せ．

$$S = 2\pi \int_a^b |f(x)|\sqrt{1 + (f'(x))^2}\, dx$$

問題 5.10 前問の結果を用いて，次の曲線を x 軸の周りに回転してできる曲面の曲面積を求めよ．$(a > 0)$

(1) （カテナリー） $y = a\cosh\dfrac{x}{a}$ $(-a \leq x \leq a)$

(2) （サイクロイド） $\begin{cases} x = x(t) = a(t - \sin t) \\ y = y(t) = a(1 - \cos t) \end{cases}$ $(0 \leq t \leq 2\pi)$

(3) （アステロイド） $\begin{cases} x = x(t) = a\cos^3 t \\ y = y(t) = a\sin^3 t \end{cases}$ $(0 \leq t \leq 2\pi)$

問題 5.11 $\Gamma\left(\dfrac{1}{2}\right) = \sqrt{\pi}$ を示し，$\Gamma\left(\dfrac{5}{2}\right)$ を求めよ．

付　　録

微分と積分の公式

$F(x) = \int f(x)\,dx$	$f(x) = F'(x)$
x^a	ax^{a-1}
$\dfrac{x^{a+1}}{a+1} \quad (a \neq -1)$	x^a
$\log |x|$	$\dfrac{1}{x}$
e^x	e^x
$\sin x$	$\cos x$
$\cos x$	$-\sin x$
$\tan x$	$\dfrac{1}{\cos^2 x}$
$\arcsin x$	$\dfrac{1}{\sqrt{1-x^2}}$
$\arccos x$	$-\dfrac{1}{\sqrt{1-x^2}}$
$\arctan x$	$\dfrac{1}{1+x^2}$
$\log\left|\sqrt{x^2+a}+x\right|$	$\dfrac{1}{\sqrt{x^2+a}}$
a^x	$a^x \log a$
$\log |\varphi(x)|$	$\dfrac{\varphi'(x)}{\varphi(x)}$
$\arcsin \dfrac{x}{a} \quad (a>0)$	$\dfrac{1}{\sqrt{a^2-x^2}}$
$\dfrac{1}{a}\arctan \dfrac{x}{a} \quad (a>0)$	$\dfrac{1}{a^2+x^2}$

三角関数の公式

$\sin^2 x + \cos^2 x = 1$

$\sin(x \pm y) = \sin x \cos y \pm \cos x \sin y$ （複号同順）

$\cos(x \pm y) = \cos x \cos y \mp \sin x \sin y$ （複号同順）

$\tan(x \pm y) = \dfrac{\tan x \pm \tan y}{1 \mp \tan x \tan y}$ （複号同順）

$\sin^2 x = \dfrac{1 - \cos 2x}{2}$

$\cos^2 x = \dfrac{1 + \cos 2x}{2}$

$\tan^2 x = \dfrac{1 - \cos 2x}{1 + \cos 2x}$

$\sin x + \sin y = 2 \sin \dfrac{x+y}{2} \cos \dfrac{x-y}{2}$

$\sin x - \sin y = 2 \cos \dfrac{x+y}{2} \sin \dfrac{x-y}{2}$

$\cos x + \cos y = 2 \cos \dfrac{x+y}{2} \cos \dfrac{x-y}{2}$

$\cos x - \cos y = -2 \sin \dfrac{x+y}{2} \sin \dfrac{x-y}{2}$

$\sin x \cos y = \dfrac{1}{2}(\sin(x+y) + \sin(x-y))$

$\cos x \cos y = \dfrac{1}{2}(\cos(x+y) + \cos(x-y))$

$\sin x \sin y = -\dfrac{1}{2}(\cos(x+y) - \cos(x-y))$

付　録

ギリシャ文字表

小文字	大文字	読　み
α	A	アルファ (alpha)
β	B	ベータ (beta)
γ	Γ	ガンマ (gamma)
δ	Δ	デルタ (delta)
ϵ, ε	E	イプシロン，エプシロン (epsilon)
ζ	Z	ゼータ，ツェータ (zeta)
η	H	イータ，イェータ (eta)
θ, ϑ	Θ	シータ，テータ (theta)
ι	I	イオタ (iota)
κ	K	カッパ (kappa)
λ	Λ	ラムダ (lambda)
μ	M	ミュー (mu)
ν	N	ニュー (nu)
ξ	Ξ	グザイ，クシー (xi)
o	O	オミクロン (omicron)
π, ϖ	Π	パイ (pi)
ρ, ϱ	P	ロー (rho)
σ, ς	Σ	シグマ (sigma)
τ	T	タウ，タオ，トー (tau)
υ	Υ	ウプシロン (upsilon)
ϕ, φ	Φ	ファイ (phi)
χ	X	カイ (chi)
ψ	Ψ	プサイ，プシー (psi)
ω	Ω	オメガ (omega)

問題の解答

第1章

問 1 (1) $\sqrt{2}$ が有理数だと仮定する．つまり，$\sqrt{2} = \dfrac{m}{n}$ (m, n は互いに素な自然数) とする．これより，$2n^2 = m^2$ となる．左辺が偶数だから，右辺の m も偶数である．そこで，$m = 2k$ (k は自然数) とおくと，$2n^2 = 4k^2$ より $n^2 = 2k^2$ となるが，同じ論法で，n も偶数になる．これは，m, n は互いに素な自然数とした仮定と矛盾する．よって，$\sqrt{2}$ は有理数ではない．

(2) 無理数の無理数乗で有理数になるものがないと仮定する．$\left(\sqrt{2}\right)^{\sqrt{2}}$ は (1) により無理数の無理数乗だから，仮定から無理数である．すると，$\left\{\left(\sqrt{2}\right)^{\sqrt{2}}\right\}^{\sqrt{2}} = \left(\sqrt{2}\right)^2 = 2$ は無理数の無理数乗になるが，有理数である．これは仮定と矛盾する．よって，無理数の無理数乗で有理数になるものがある．

(※) 上の議論からは $\left(\sqrt{2}\right)^{\sqrt{2}}$ が無理数であるとはいえないことに注意．

問 2 $\displaystyle\lim_{n\to\infty}(a_n + b_n)$ と $\displaystyle\lim_{n\to\infty} a_n$ が収束することから，

$$\lim_{n\to\infty}(a_n + b_n) - \lim_{n\to\infty} a_n = \lim_{n\to\infty}(a_n + b_n - a_n) = \lim_{n\to\infty} b_n$$

も収束する．よって，$\displaystyle\lim_{n\to\infty}(a_n + b_n) = \lim_{n\to\infty} a_n + \lim_{n\to\infty} b_n$ が成り立つ．

問 3 条件収束する級数 $\displaystyle\sum_{k=1}^{n} a_k$ に対して，定理 1.16 のように，$\{p_n\}, \{q_n\}$ を定めると，

$$\sum_{k=1}^{n} a_k = \sum_{k=1}^{n} p_k - \sum_{k=1}^{n} q_k \to S \quad (n \to \infty)$$

$$\sum_{k=1}^{n} |a_k| = \sum_{k=1}^{n} p_k + \sum_{k=1}^{n} q_k \to \infty \quad (n \to \infty)$$

である．ここで，$\displaystyle\lim_{n\to\infty}\sum_{k=1}^{n} p_k$ が収束するとすると，$\displaystyle\lim_{n\to\infty}\left(\sum_{k=1}^{n} p_k - \sum_{k=1}^{n} q_k\right)$ が収

束することから，問 2 と同様にして，$\lim_{n\to\infty}\sum_{k=1}^{n} q_k$ が収束することになる．すると，$\lim_{n\to\infty}\left(\sum_{k=1}^{n} p_k + \sum_{k=1}^{n} q_k\right) = \lim_{n\to\infty}\sum_{k=1}^{n} |a_k|$ も収束することになり不合理．よって，$\lim_{n\to\infty}\sum_{k=1}^{n} p_k = \infty$ がいえた．同様に，$\lim_{n\to\infty}\sum_{k=1}^{n} q_k = \infty$ もいえる．また，$\sum_{n=1}^{\infty} a_n$ が収束することから，$\lim_{n\to\infty} p_n = \lim_{n\to\infty} q_n = 0$ もわかる．

さて，任意の α に対して，和が α を越えるまで p_n のほうを選び，和が α を越えたら，和が α より小さくなるまで $-q_n$ のほうを選ぶことにする．$\sum_{n=1}^{\infty} p_n = \infty, \sum_{n=1}^{\infty} q_n = \infty$ により，この操作は尽きることなく続けることができ，$p_n \to 0, q_n \to 0$ により，その級数は α に収束する．

(※) 実は，うまく順序を入れ替えると，∞ や $-\infty$ に発散させることもできる．

演習問題 [A]

問題 1.1 (1) 1　(2) e^{-1}　(3) $e^{1/3}$　(4) e　(5) e　(6) 2　(7) 1/2　(8) 1/2　(9) 1/3　(10) 3/2　(11) -1　(12) 1　(13) 0　(14) 0　(15) 1　(16) 発散　(17) 0　(18) $a \neq 0$ のとき $0, a = 0$ のとき 1　(19) 4　(20) 1

問題 1.2 (1) 3/2　(2) なし　(3) 3/2　(4) -1　(5) なし

問題 1.3 (1) 収束して極限値は 2　(2) 収束して極限値は $(1+\sqrt{5})/2$　(3) 収束して極限値は 2　(4) 発散　[(4) 収束すると仮定して，$\alpha = (\sqrt{3})^\alpha$ に解がないことを示す．]

問題 1.4 (1) -2　(2) 11/9　(3) ∞　(4) 1　[(4) $\dfrac{n}{(n+1)!} = \dfrac{n+1-1}{(n+1)!} = \dfrac{1}{n!} - \dfrac{1}{(n+1)!}$ として，部分和を求める．]

問題 1.5 (1) e　(2) 1　(3) 1　(4) 3　(5) 1/4　(6) ∞　(7) 2　(8) 3/4　(9) ∞　(10) 4　(11) 2/3　(12) 2　(13) 0　(14) 0　(15) 1　(16) $\sqrt{e}$

問題 1.6 (1) $x = \pm 1$ で不連続，それ以外で連続　(2) $x = 1$ で不連続，それ以外で連続　(3) $x = -1$ で不連続，それ以外で連続　(4) $x = 0, \pm 1$ で不連続，それ以外で連続　(5) $x = 0$ で不連続，それ以外で連続　(6) $x = 0$ で不連続，それ以外で連続

問題 1.7 略　[(1), (2) 両辺の tan を計算する．(3) 直角をはさむ辺の長さが $1, x$

問題の解答

である直角三角形を考える.]

問題 1.8 略

演習問題 [B]

問題 1.9 $\limsup_{n\to\infty} a_n = 1$, $\liminf_{n\to\infty} a_n = -1$

(※) 簡単にいえば, 『極限値のようなもの』(数学用語でいえば「集積点」) のうちで, 最も大きい値が上極限, 最も小さい値が下極限である.

問題 1.10 $A_n = \sup_{k \geq n} a_k$, $B_n = \inf_{k \geq n} a_k$ に対して, $B_n \leq a_n \leq A_n$ である. $\lim_{n\to\infty} A_n = \limsup_{n\to\infty} a_n = \alpha$, $\lim_{n\to\infty} B_n = \liminf_{n\to\infty} a_n = \alpha$ だから, $\lim_{n\to\infty} a_n = \alpha$ である.

問題 1.11 (1) C 上の点 $(2,2)$ における接線の方程式は,
$$y = 4(x-2) + 2 = 4x - 6$$
なので, $0 = 4b_1 - 6$ により, $b_1 = \frac{3}{2}$.

(2) C 上の点 $(b_n, b_n^2 - 2)$ における接線の方程式は,
$$y = 2b_n(x - b_n) + b_n^2 - 2 = 2b_n x - b_n^2 - 2$$
なので, $0 = 2b_n b_{n+1} - b_n^2 - 2$ により, $b_{n+1} = \frac{b_n}{2} + \frac{1}{b_n}$.

(3) 相加相乗平均の関係により, $n \geq 1$ で
$$b_{n+1} \geq 2\sqrt{\frac{b_n}{2} \cdot \frac{1}{b_n}} = \sqrt{2}$$
よって, $\{b_n\}$ は下に有界である.

また, $b_n \geq \sqrt{2}$ から,
$$b_{n+1} - b_n = \frac{b_n}{2} + \frac{1}{b_n} - b_n = \frac{2 - b_n^2}{2b_n} \leq 0$$
よって, $\{b_n\}$ は単調減少である.

以上により, $\{b_n\}$ は収束する. その極限値を β とすると, $\beta = \frac{\beta}{2} + \frac{1}{\beta}$ となるので, $\beta = \pm\sqrt{2}$. $\beta \geq \sqrt{2}$ から, $\beta = \sqrt{2}$.

(※) 曲線 $C: y = f(x)$ が, $f(a) < 0 < f(b)$ と, $f'(x) > 0, f''(x) > 0$ $(x \in (a,b))$ を満たすとき, $x \in (a,b)$ で単調増加なので, $f(\beta) = 0$ を満たす $\beta \in (a,b)$ がただ 1 つ決まる. $A_0(b, f(b))$ から始めて本問と同様に $\{b_n\}$ を定めると, $\{b_n\}$ は単調減少して, その β に収束する. こうして, $f(x) = 0$ の解に収束する数列をつくることができ

る．この手法を**ニュートン法**という．

問題 1.12　(1) $\dfrac{1}{k} > \displaystyle\int_k^{k+1} \dfrac{dx}{x}$ となるので，

$$\sum_{k=1}^n \dfrac{1}{k} > \sum_{k=1}^n \int_k^{k+1} \dfrac{dx}{x} = \int_1^{n+1} \dfrac{dx}{x} = \bigl[\log x\bigr]_1^{n+1} = \log(n+1) > \log n$$

により，$a_n = \displaystyle\sum_{k=1}^n \dfrac{1}{k} - \log n > 0$

(2) $\displaystyle\int_n^{n+1} \dfrac{dx}{x} > \dfrac{1}{n+1}$，つまり，$\log(n+1) - \log n > \dfrac{1}{n+1}$ となることを利用すると，

$$\begin{aligned}
a_{n+1} - a_n &= \Bigl(\sum_{k=1}^{n+1}\dfrac{1}{k} - \log(n+1)\Bigr) - \Bigl(\sum_{k=1}^n\dfrac{1}{k} - \log n\Bigr)\\
&= \dfrac{1}{n+1} - \log(n+1) + \log n < 0
\end{aligned}$$

により，$\{a_n\}$ は単調減少である．

(※) (1), (2) から $\{a_n\}$ が収束することがわかる．その極限値は，$0.5772156\ldots$ であり，この値を**オイラーの定数**という．オイラーの定数が無理数であるかどうかはまだ知られていない．

問題 1.13　(1) f が単射でないとすると，$x_1 \ne x_2$ で $f(x_1) = f(x_2)$ を満たすものがある．このとき，$g(f(x_1)) = g(f(x_2))$ となるが，これは，$g \circ f$ が単射でないことを示している．よって，対偶をとって，「$g \circ f$ が単射ならば f が単射」が成り立つ．

(2) $g \circ f$ が全射とすると，任意の $z \in Z$ に対して，$(g \circ f)(x) = g(f(x)) = z$ を満たす $x \in X$ が存在する．$y = f(x)$ とおくと，この y は $g(y) = z$ を満たす．よって，g は全射である．

問題 1.14　$f(x) \equiv \alpha$, $g(y) = \begin{cases} \beta, & y \ne \alpha \\ \gamma\,(\ne \beta), & y = \alpha \end{cases}$ とすると，

$$\lim_{x \to \alpha} g(f(x)) = \lim_{x \to \alpha} g(\alpha) = \gamma \ne \beta$$

問題 1.15　$f(0) = 0$ または $f(1) = 1$ のときは，それぞれ $c = 0, c = 1$ が $f(c) = c$ の解である．

$f(0) > 0$ かつ $f(1) < 1$ とする．$F(x) = x - f(x)$ とおくと，$F(x)$ は区間 $[0,1]$ で連続で，$F(0) = -f(0)$ から $F(0) < 0$，また，$F(1) = 1 - f(1)$ から $F(1) > 0$ である．よって，中間値の定理により，$F(c) = c - f(c) = 0$ を満たす $c \in (0,1)$ が存在する．

問題の解答

第2章

問 4 (i) $n=1$ のときは積の微分法そのものであるので,もちろん成り立つ.

(ii) $n=k$ のとき成り立つとする.すなわち,$(fg)^{(k)} = \sum_{j=0}^{k} \binom{k}{j} f^{(k-j)} g^{(j)}$ が成り立つとする.この両辺を微分すると,$\binom{k}{j} + \binom{k}{j-1} = \binom{k+1}{j}$ という関係を用いて,

$$(fg)^{(k+1)} = \sum_{j=0}^{k} \binom{k}{j} f^{(k-j+1)} g^{(j)} + \sum_{j=0}^{k} \binom{k}{j} f^{(k-j)} g^{(j+1)}$$

$$= \sum_{j=0}^{k} \binom{k}{j} f^{(k-j+1)} g^{(j)} + \sum_{j=1}^{k+1} \binom{k}{j-1} f^{(k-j+1)} g^{(j)}$$

$$= f^{(k+1)} g + \sum_{j=1}^{k} \left\{ \binom{k}{j} + \binom{k}{j-1} \right\} f^{(k-j+1)} g^{(j)} + f g^{(k+1)}$$

$$= f^{(k+1)} g + \sum_{j=1}^{k} \binom{k+1}{j} f^{(k+1-j)} g^{(j)} + f g^{(k+1)}$$

$$= \sum_{j=0}^{k+1} \binom{k+1}{j} f^{(k+1-j)} g^{(j)}$$

これは,$n=k+1$ の場合になっている.

(i), (ii) から,数学的帰納法により,示された.

問 5 $F(x) = f(x) - f(a) - \dfrac{f(b)-f(a)}{g(b)-g(a)} \{g(x) - g(a)\}$ とおく.$F(x)$ は $[a,b]$ で連続,(a,b) で微分可能であり,

$$F'(x) = f'(x) - \frac{f(b)-f(a)}{g(b)-g(a)} g'(x)$$

である.

$F(a) = F(b) = 0$ から,ロルの定理 (定理 2.7) により,

$$F'(c) = f'(c) - \frac{f(b)-f(a)}{g(b)-g(a)} g'(c) = 0$$

となる $c \in (a,b)$ が存在する.$g'(c) \neq 0$ より,

$$\frac{f'(c)}{g'(c)} = \frac{f(b)-f(a)}{g(b)-g(a)}$$

である.

問 6 $\lim_{x\to\infty}\dfrac{2x+\sin x}{x+\sin x}=\lim_{x\to\infty}\dfrac{2+\frac{\sin x}{x}}{1+\frac{\sin x}{x}}=2$

($\because 0\leq \lim_{x\to\infty}\left|\dfrac{\sin x}{x}\right|\leq \lim_{x\to\infty}\left|\dfrac{1}{x}\right|=0$ より $\lim_{x\to\infty}\dfrac{\sin x}{x}=0$)

問 7　$f(x)$ が $x=a$ で極大値をとるとすると，h を小さくとれば，$f(a+h)-f(a)<0$ なので，$h>0$ のとき，

$$\dfrac{f(a+h)-f(a)}{h}<0$$

$h<0$ のとき，

$$\dfrac{f(c+h)-f(c)}{h}>0$$

$x=a$ で微分可能であることから，

$$f'(a)=\lim_{h\downarrow 0}\dfrac{f(a+h)-f(a)}{h}=\lim_{h\uparrow 0}\dfrac{f(a+h)-f(a)}{h}=0$$

$x=a$ で極小値をとるときも同様．

問 8　$\begin{pmatrix}-\frac{1}{2}\\ n\end{pmatrix}=\dfrac{(-\frac{1}{2})(-\frac{3}{2})(-\frac{5}{2})\cdots(-\frac{2n-1}{2})}{n!}=\dfrac{(-1)^n 1\cdot 3\cdot 5\cdots(2n-1)}{2^n n!}$
$=\dfrac{(-1)^n 1\cdot 2\cdot 3\cdot 4\cdot 5\cdots(2n-1)(2n)}{2^n n! 2\cdot 4\cdot 6\cdots(2n)}=\dfrac{(-1)^n(2n)!}{2^n n! 2^n n!}=\dfrac{(-1)^n(2n)!}{2^{2n}(n!)^2}$

問 9　(2.9) の右辺の整級数について，

$$\lim_{n\to\infty}\left|\dfrac{na_n}{(n+1)a_{n+1}}\right|=\lim_{n\to\infty}\dfrac{n}{n+1}\left|\dfrac{a_n}{a_{n+1}}\right|=R$$

(2.10) の右辺の整級数について，

$$\lim_{n\to\infty}\left|\dfrac{\frac{a_n}{n+1}}{\frac{a_{n+1}}{n+2}}\right|=\lim_{n\to\infty}\dfrac{n+2}{n+1}\left|\dfrac{a_n}{a_{n+1}}\right|=R$$

演習問題 [A]

問題 2.1　(1) 微分可能　(2) 微分不可能　(3) 微分可能

問題 2.2　(1) $\cosh x$　(2) $\sinh x$　(3) $\dfrac{1}{\cosh^2 x}$　(4) $\dfrac{1}{x\log x}$　(5) $-\dfrac{\log a}{x(\log x)^2}$　(6) $\dfrac{x^x(\log x+1)}{\sqrt{1-x^{2x}}}$　(7) $2x^{\log x-1}\log x$　(8) $x^{\arctan x}\left(\dfrac{\log x}{1+x^2}+\dfrac{\arctan x}{x}\right)$

問題の解答

(9) $x^{\sin x - 1}(x\cos x \log x + \sin x)$ (10) $3\left(x + \dfrac{1}{x}\right)^2\left(1 - \dfrac{1}{x^2}\right)$

(11) $\dfrac{2x+1}{2\sqrt{(x-1)(x+2)}}$ (12) $\dfrac{2(1-3x^2)}{(3x^2+1)^2}$ (13) $\dfrac{-2(3x^2+1)}{(x^2-1)^3}$

(14) $-\dfrac{2(2x+1)}{(x^2+x+1)^3}$ (15) $\dfrac{3(x^2-1)}{(x^2+x+1)^2}$ (16) $\dfrac{-8x}{(x^2+2)^5}$

(17) $2\cos(2x+1)$ (18) $-2x\sin(x^2+1)$ (19) $4\sin^3 x \cos x$ (20) $\dfrac{2\sin x}{\cos^3 x}$

(21) $\dfrac{6\tan 3x}{\cos^2 3x}$ (22) $\cos^2 x - \sin^2 x$ (23) $4x\sin x^2 \cos x^2$ (24) $\dfrac{\cos x}{2\sqrt{1+\sin x}}$

(25) $\dfrac{\sin x}{2\sqrt{1-\cos x}}$ (26) $\dfrac{2\sin 2x}{(1+\cos 2x)^2}$ (27) $-2e^{-2x+3}$ (28) $6xe^{3x^2+1}$

(29) $-\dfrac{e^{1/x}}{x^2}$ (30) $e^{\sin x}\cos x$ (31) $3 \cdot 2^{3x+1}\log 2$ (32) $2^{\sin x}\log 2 \cos x$

(33) $-\dfrac{3^{1/x}}{x^2}\log 3$ (34) $2x \, 5^{x^2-1}\log 5$ (35) $3x^2(1-x^3)e^{-x^3-1}$

(36) $2(e^{2x} - e^{-2x})$ (37) $e^{3x}(3\cos 4x - 4\sin 4x)$

(38) $(8x^3 + x^2 + 26x + 3)e^{4x^2+x}$ (39) $\dfrac{1-\log x}{x^2}$ (40) $\dfrac{2\log|x|}{x}$

(41) $\dfrac{2x-1}{x^2-x+1}$ (42) $\dfrac{2}{(2x+3)\log 10}$ (43) $-2\tan 2x$ (44) $e^x\left(\log x + \dfrac{1}{x}\right)$

(45) $\dfrac{2}{\sin x} + \log(\sin^2 x)\dfrac{\sin x}{\cos^2 x}$ (46) $\dfrac{x^{\sqrt{x}}}{\sqrt{x}}(\tfrac{1}{2}\log x + 1)$ (47) $x^{x^2}(2x\log x + x)$

(48) $x^{\cos x}\left(\dfrac{\cos x}{x} - \sin x \log x\right)$ (49) $x^{1/(2x)}\left(\dfrac{1-\log x}{2x^2}\right)$

(50) $\left(\dfrac{1}{x}\right)^{x^2}(-2x\log x - x)$ (51) $(\cos x)^{x^2}(2x\log \cos x - x^2 \tan x)$

問題 2.3 (1) $f'(x) = 2x\sin\dfrac{1}{x} + x^2\left(\cos\dfrac{1}{x}\right)\left(-\dfrac{1}{x^2}\right) = 2x\sin\dfrac{1}{x} - \cos\dfrac{1}{x}$

(2) $f'(0) = \lim\limits_{h\to 0}\dfrac{f(h) - f(0)}{h} = \lim\limits_{h\to 0}\dfrac{h^2\sin\frac{1}{h}}{h} = \lim\limits_{h\to 0} h\sin\dfrac{1}{h} = 0$

$\left(\because \left|\sin\dfrac{1}{h}\right| \leq 1\right)$

(3) $\lim\limits_{x\to 0} f'(x) = \lim\limits_{x\to 0}\left(2x\sin\dfrac{1}{x} - \cos\dfrac{1}{x}\right)$ は収束しないので, $f'(x)$ は原点で連続でない.

問題 2.4 (1) $\sinh x$ は $\mathbb{R} \to \mathbb{R}$ で全単射なので,逆関数 $\sinh^{-1} x$ が定義でき,その定義域は $\mathbb{R}$ である.
$y = \sinh^{-1} x$ とおくと,$x = \sinh y$ であり,

$$\frac{dy}{dx} = \frac{1}{\frac{dx}{dy}} = \frac{1}{\cosh y} \quad (\because \text{問題 2.2 (1)})$$

$$= \frac{1}{\sqrt{1 + \sinh^2 y}} \quad (\because \text{問題 1.8 (1)})$$

$$= \frac{1}{\sqrt{1 + x^2}}$$

(2) $\cosh x$ は $(0, \infty) \to (1, \infty)$ で全単射なので,逆関数 $\cosh^{-1} x$ が定義でき,その定義域は $(1, \infty)$ である.
$y = \cosh^{-1} x$ とおくと,$x = \cosh y$ であり,

$$\frac{dy}{dx} = \frac{1}{\frac{dx}{dy}} = \frac{1}{\sinh y} \quad (\because \text{問題 2.2 (2)})$$

$$= \frac{1}{\sqrt{\cosh^2 y - 1}} \quad (\because \text{問題 1.8 (1)})$$

$$= \frac{1}{\sqrt{x^2 - 1}}$$

(3) $\tanh x$ は $\mathbb{R} \to (-1, 1)$ で全単射なので,逆関数 $\tanh^{-1} x$ が定義でき,その定義域は $(-1, 1)$ である.
$y = \tanh^{-1} x$ とおくと,$x = \tanh y$ であり,

$$\frac{dy}{dx} = \frac{1}{\frac{dx}{dy}} = \frac{1}{\frac{1}{\cosh^2 y}} \quad (\because \text{問題 2.2 (3)})$$

$$= \frac{1}{1 - \tanh^2 y} \quad (\because \text{問題 1.8 (2)})$$

$$= \frac{1}{1 - x^2}$$

問題 2.5 (1) $3/2$ (2) 2 (3) $1/2$ (4) 2 (5) $1/2$ (6) $\log a$ (7) $-1/6$ (8) $-1/2$ (9) $1/2$ (10) 0 (11) 1 (12) $e^{-1/2}$ (13) $-2/3$ (14) 6

問題 2.6 (1) 1 (2) $1/2$ (3) $1/6$ (4) $1/24$
(※)この問題は単にロピタルの定理を繰り返し用いるだけであるが,この結果とマクローリン展開との相似に注目せよ.

問題 2.7 (1) 極大値:$f(1) = e^{-2}$,極小値:$f(0) = 0$
(2) 極大値:$f(-4/3) = (4/9)\sqrt{6}$,極小値:$f(0) = 0$

問題の解答   171

(3) 極大値：なし，極小値：$f(e) = e$
(4) 極大値：$f(\frac{\pi}{4} + 2n\pi) = \sqrt{2}/4$, 極小値：$f(\frac{5\pi}{4} + 2n\pi) = -\sqrt{2}/4$ $(n \in \mathbb{Z})$
(5) 極大値：$f(\frac{\pi}{2} + 2n\pi) = -1$, $f(\frac{5\pi}{4} + 2n\pi) = \sqrt{2}$, $f(\frac{7\pi}{4} + 2n\pi) = \sqrt{2}$,
極小値：$f(\frac{\pi}{4} + 2n\pi) = -\sqrt{2}$, $f(\frac{3\pi}{4} + 2n\pi) = -\sqrt{2}$, $f(\frac{3\pi}{2} + 2n\pi) = 1$ $(n \in \mathbb{Z})$
[(5) $f'(x) = 3\cos x(2\sin^2 x - 1)$]

問題 2.8 (1) ∞ (2) 0 (3) $1/4$ (4) e^{-1} (5) $1/3$ (6) $3^{-1/3}$

[(6) $x^3 = y$ とおくと, $\sum_{n=0}^{\infty} 3^n y^n$ は $|y| < 1/3$ で収束する．]

問題 2.9 (1) $f(x) = \sum_{n=0}^{\infty} \frac{(-2)^n}{n!} x^n$, $f^{(n)}(0) = (-2)^n$

(2) $f(x) = \sum_{n=2}^{\infty} \frac{1}{(n-2)!} x^n$, $f^{(n)}(0) = n(n-1)$ $(n \geq 2)$, $f(0) = f'(0) = 0$

(3) $f(x) = \sum_{n=0}^{\infty} \frac{(-1)^n}{(2n+1)!} x^{2n+2}$, $f^{(2n+2)}(0) = (-1)^n(2n+2)$, $f^{(k)}(0) = 0$
(k は奇数または 0)

(4) $f(x) = \sum_{n=0}^{\infty} \frac{1}{n!} x^{2n}$, $f^{(2n)}(0) = \frac{(2n)!}{n!}$, $f^{(2n+1)}(0) = 0$

(5) $f(x) = \sum_{n=0}^{\infty} \left(1 - \frac{1}{2^{n+1}}\right) x^n$, $f^{(n)}(0) = n!\left(1 - \frac{1}{2^{n+1}}\right)$

(6) $f(x) = \sum_{n=0}^{\infty} \frac{2}{2n+1} x^{2n+1}$, $f^{(2n+1)}(0) = 2(2n)!$, $f^{(2n)}(0) = 0$

(7) $f(x) = \sum_{n=0}^{\infty} (n+1) x^n$, $f^{(n)}(0) = (n+1)!$

(8) $f(x) = \sum_{n=0}^{\infty} (-1)^n (2n+2) x^{2n+1}$, $f^{(2n+1)}(0) = (-1)^n(2n+2)!$, $f^{(2n)}(0) = 0$

(9) $f(x) = \sum_{n=0}^{\infty} \frac{(2n)!}{2^{2n} n! n!} x^{2n}$, $f^{(2n+1)}(0) = 0$, $f^{(2n)}(0) = \frac{(2n)!(2n)!}{2^{2n} n! n!}$

(10) $f(x) = \sum_{n=0}^{\infty} \frac{(2n)!}{(2n+1) 2^{2n} n! n!} x^{2n+1}$, $f^{(2n+1)}(0) = \frac{(2n)!(2n)!}{2^{2n} n! n!}$, $f^{(2n)}(0) = 0$

(11) $f(x) = \sum_{n=0}^{\infty} \frac{(-1)^n (2n)!}{2^{2n} n! n!} x^{2n}$, $f^{(2n+1)}(0) = 0$, $f^{(2n)}(0) = \frac{(-1)^n (2n)!(2n)!}{2^{2n} n! n!}$

(12) $f(x) = \sum_{n=0}^{\infty} \frac{(-1)^n (2n)!}{(2n+1) 2^{2n} n! n!} x^{2n+1}$, $f^{(2n+1)}(0) = \frac{(-1)^n (2n)!(2n)!}{2^{2n} n! n!}$,
$f^{(2n)}(0) = 0$

[(7) $f(x) = \frac{d}{dx} \frac{1}{1-x}$ (8) $f(x) = -\frac{d}{dx} \frac{1}{1+x^2}$ (9) 負の二項展開 (例 2.21) で

x を $-x^2$ とおく．(10) $f(x) = \int_0^x \dfrac{dt}{\sqrt{1-t^2}}$ (11) 負の二項展開で x を x^2 とおく．
(12) $f(x) = \int_0^x \dfrac{dt}{\sqrt{1+t^2}}$]

演習問題 [B]

問題 2.10

$$\frac{f(a+h)-f(a-h)}{2h} = \frac{1}{2}\left(\frac{f(a+h)-f(a)}{h} + \frac{f(a-h)-f(a)}{-h}\right)$$
$$\to \frac{1}{2}(f'(a)+f'(a)) = f'(a)$$

(※) ロピタルの定理を使って，

$$\lim_{h\to 0}\frac{f(a+h)-f(a-h)}{2h} = \lim_{h\to 0}\frac{f'(a+h)+f'(a-h)}{2} = f'(a)$$

とするのは，(最初の等号まではいいが) 間違い．$f'(x)$ が連続とは限らないので，2 番目の等号が成り立つとはいえない．

(※) 一般に，$\lim\limits_{h\to 0}\dfrac{f(a+h)-f(a-h)}{2h}$ が存在しても，$f(x)$ が $x=a$ で微分可能とは限らない．反例：$f(x) = |x|$．

問題 2.11
$F(x) = \int_0^x \{4at^3 + 3bt^2 + 2ct - (a+b+c)\}\,dt$ とおくと，$F(0) = 0$，
$F(1) = \int_0^1 \{4at^3 + 3bt^2 + 2ct - (a+b+c)\}\,dt = \left[at^4 + bt^3 + ct^2 - (a+b+c)t\right]_0^1$
$= 0$ なので，ロルの定理により，区間 $(0,1)$ に $F'(x) = 4ax^3 + 3bx^2 + 2cx - (a+b+c)$
$= 0$ の解が少なくとも 1 つ存在する．

問題 2.12
$F(x) = e^{-kx}f(x)$ とおくと，$F'(x) = -ke^{-kx}f(x) + e^{-kx}f'(x)$ である．$F(a) = F(b) = 0$ から，ロルの定理により，

$$F'(c) = -ke^{-kc}f(c) + e^{-kc}f'(c) = 0$$

つまり，$\dfrac{f'(c)}{f(c)} = k$ を満たす $c \in (a,b)$ が存在する．

問題 2.13
$n=2$ のときのテイラー展開により，

$$f(a+h) = f(a) + hf'(a) + \frac{h^2}{2}f''(a+\theta_1 h)$$

問題の解答

を満たす $\theta_1 \in (0,1)$ がある.

一方，$f(a+h) = f(a) + hf'(a+\theta h)$ において，$f'(x)$ に対する平均値の定理により，

$$f'(a+\theta h) = f'(a) + \theta h f''(a+\theta_2 \theta h)$$

を満たす $\theta_2 \in (0,1)$ がある．よって，

$$f(a+h) = f(a) + hf'(a) + \theta h^2 f''(a+\theta_2 \theta h)$$

以上より，$\dfrac{h^2}{2} f''(a+\theta_1 h) = \theta h^2 f''(a+\theta_2 \theta h)$ となるので，$f''(x)$ が連続であることから，

$$\theta = \frac{1}{2} \frac{f''(a+\theta_1 h)}{f''(a+\theta_2 \theta h)} \to \frac{1}{2} \quad (h \to 0)$$

問題 2.14 $x \in (a,c)$ をとると，$f(x)$ は閉区間 $[x,c]$ で連続，開区間 (x,c) で微分可能であるので，平均値の定理により，

$$\frac{f(x)-f(c)}{x-c} = f'(\xi)$$

を満たす $\xi \in (x,c)$ がある．$x \uparrow c$ とすれば，$f(x)$ が $x=c$ で微分可能であることから

$$\lim_{x \uparrow c} \frac{f(x)-f(c)}{x-c} = f'(c)$$

$x < \xi < c$ から $x \uparrow c$ のとき $\xi \uparrow c$ なので，$\lim_{x \uparrow c} f'(\xi) = \lim_{\xi \uparrow c} f'(\xi) = \lim_{x \uparrow c} f'(x)$ により，

$$\lim_{x \uparrow c} f'(x) = f'(c)$$

$x \in (c,b)$ のときも同様にして，

$$\lim_{x \downarrow c} f'(x) = f'(c)$$

よって，$\lim_{x \to c} f'(x) = f'(c)$ がいえた.

(※) $f(x)$ が微分可能としても $f'(x)$ が連続とは限らないが，$f(x)$ が $x=c$ で微分可能であるにもかかわらず $f'(x)$ が $x=c$ で連続でないときは，$\lim_{x \to c} f'(x)$ が存在しないときに限る.

問題 2.15 $x \in (a,c)$ をとると，$f(x)$ は閉区間 $[x,c]$ で連続，開区間 (x,c) で微分可能であるので，平均値の定理により，

$$\frac{f(x)-f(c)}{x-c} = f'(\xi)$$

を満たす $\xi \in (x,c)$ がある．$l = \lim_{x \uparrow c} f'(x)$ とおく．

$x < \xi < c$ から $x \uparrow c$ のとき $\xi \uparrow c$ なので，

$$\lim_{x \uparrow c} \frac{f(x) - f(c)}{x - c} = \lim_{\xi \uparrow c} f'(\xi) = l$$

$x \in (c, b)$ のときも同様にして

$$\lim_{x \downarrow c} \frac{f(x) - f(c)}{x - c} = l$$

すなわち，右側微分可能かつ左側微分可能かつ右側微分係数と左側微分係数の値が等しいので，定理 2.1 により，$x = c$ で微分可能である．

問題 2.16 $f(x)$ は $[a, b]$ で連続なので，ある点 $c \in [a, b]$ で最小値をとるが，$f'(a) < 0$, $f'(b) > 0$ であることから，$c \in (a, b)$ である．よって，定理 2.14 (2) と同様にして，$f'(c) = 0$ である．

(※) 一般に，$f(x)$ が微分可能としても $f'(x)$ が連続とは限らないが，$f'(x)$ は中間値の定理を満たすことがわかった．つまり，どんな関数でも何らかの関数の導関数になれるというわけではない．

問題 2.17 ロピタルの定理を使って，(h の関数として微分することに注意)

$$\lim_{h \to 0} \frac{f(a+h) + f(a-h) - 2f(a)}{h^2} = \lim_{h \to 0} \frac{f'(a+h) - f'(a-h)}{2h}$$

となる．ここで，問題 2.10 により，$\lim_{h \to 0} \dfrac{f'(a+h) - f'(a-h)}{2h} = f''(a)$

問題 2.18 (1) $|x| < R$ のとき，$|x| < r < R$ となる r をとる．$\limsup_{n \to \infty} \sqrt[n]{|a_n|} = \dfrac{1}{R}$ より，$n \geq N \Rightarrow \sqrt[n]{|a_n|} < \dfrac{1}{r}$ となるような N をとることができる．

$$|a_n x^n| < \frac{1}{r^n} |x^n| = \left|\frac{x}{r}\right|^n$$

ここで，$\left|\dfrac{x}{r}\right| < 1$ なので $\sum_{n=N}^{\infty} \left|\dfrac{x}{r}\right|^n$ は収束する．よって，$\sum_{n=0}^{\infty} a_n x^n$ は絶対収束する．

(2) $|x| > R$ のとき，$|x| > r > R$ となる r をとる．$\limsup_{n \to \infty} \sqrt[n]{|a_n|} = \dfrac{1}{R}$ より，$\sqrt[n]{|a_n|} > \dfrac{1}{r}$ を満たす n が無限に多くある．

$$|a_n x^n| > \frac{1}{r^n} |x^n| = \left|\frac{x}{r}\right|^n > 1$$

問題の解答　　　　　　　　　　　　　　　　　　　　　　　　　　　175

を満たす n が無限にあるので，$\lim_{n\to\infty} |a_n x^n|$ は 0 に収束しない．よって，$\sum_{n=0}^{\infty} a_n x^n$ は発散する．

(※) (2.8) の代わりに，(2.13) でも収束半径が計算できる．

$$\liminf_{n\to\infty} \left|\frac{a_{n+1}}{a_n}\right| \leq \liminf_{n\to\infty} \sqrt[n]{|a_n|} \leq \limsup_{n\to\infty} \sqrt[n]{|a_n|} \leq \limsup_{n\to\infty} \left|\frac{a_{n+1}}{a_n}\right|$$

により，(2.8) が存在する場合は，どちらも同じ値になることがわかる．また，定理 2.18 と同様にして，級数の収束を判定することができる：

(コーシーの収束判定法) 級数 $\sum_{n=1}^{\infty} a_n$ に対して，

(i) $\limsup_{n\to\infty} \sqrt[n]{|a_n|} < 1$ ならば，級数 $\sum_{n=1}^{\infty} a_n$ は絶対収束する．

(ii) $\limsup_{n\to\infty} \sqrt[n]{|a_n|} > 1$ ならば，級数 $\sum_{n=1}^{\infty} a_n$ は発散する．

第 3 章

問 10 (1) も (2) も右辺を微分することにより，正しいことがわかる．ちなみに，$-\dfrac{1}{x^2 + x\sqrt{x^2 + a^2} + a^2} = \dfrac{x}{a^2 \sqrt{x^2 + a^2}} - \dfrac{1}{a^2}$，$\arctan \dfrac{x}{2} = -\arctan \dfrac{2}{x} + \dfrac{\pi}{2}$ $(x > 0)$，$\arctan \dfrac{x}{2} = -\arctan \dfrac{2}{x} - \dfrac{\pi}{2}$ $(x < 0)$ である．

問 11 $-2\arctan \sqrt{\dfrac{a-x}{a+x}} = \arcsin \dfrac{x}{a} - \dfrac{\pi}{2}$

問 12 $\left(\dfrac{1 + \tan \frac{x}{2}}{1 - \tan \frac{x}{2}}\right)^2 = \left(\dfrac{\cos \frac{x}{2} + \sin \frac{x}{2}}{\cos \frac{x}{2} - \sin \frac{x}{2}}\right)^2 = \dfrac{1 + 2\sin \frac{x}{2} \cos \frac{x}{2}}{1 - 2\sin \frac{x}{2} \cos \frac{x}{2}} = \dfrac{1 + \sin x}{1 - \sin x}$

問 13 関数 $f(x)$ に対して，$f_1(x) = \dfrac{f(x) + f(-x)}{2}$，$f_2(x) = \dfrac{f(x) - f(-x)}{2}$ とおくと，$f_1(x)$ は偶関数，$f_2(x)$ は奇関数であり，$f(x) = f_1(x) + f_2(x)$ となる．

問 14 $\sum_{n=1}^{\infty} \dfrac{(-1)^{n+1}}{n^2} = \sum_{n=1}^{\infty} \dfrac{1}{(2n-1)^2} - \sum_{n=1}^{\infty} \dfrac{1}{(2n)^2} = \dfrac{\pi^2}{8} - \dfrac{1}{4}\dfrac{\pi^2}{6} = \dfrac{\pi^2}{12}$

演習問題 [A]

問題 3.1 (1) $-x\cos x + \sin x$ (2) $-\frac{1}{4}(2x+1)e^{-2x}$ (3) $\frac{x^4}{16}(4\log x - 1)$
(4) $(x+1)\log(x+1) - x$ (5) $x(\log x)^2 - 2x\log x + 2x$
(6) $x\arctan x - \frac{1}{2}\log(1+x^2)$ (7) $\frac{1}{2}\{(x^2+1)\arctan x - x\}$
(8) $-(x^2+2x+2)e^{-x}$ (9) $(-x^2+2)\cos x + 2x\sin x$
(10) $-\frac{1}{2}e^{-x}(\sin x + \cos x)$ (11) $x\sin x + \cos x$ (12) $(x-1)e^x$
(13) $\frac{x^3}{3}\log x - \frac{x^3}{9}$ (14) $\frac{x^2}{2}\log|2x+1| - \frac{(2x+1)^2}{16} + \frac{2x+1}{4} - \frac{1}{8}\log|2x+1|$
(15) $-\frac{1}{x}(\log|x| + 1)$ (16) $-(2x+1)\cos x + 2\sin x$
(17) $-\frac{x}{2}\cos 2x + \frac{1}{4}\sin 2x$ (18) $-(2x+3)e^{-x}$
(19) $(x^2-2)\sin x + 2x\cos x$ (20) $\frac{e^{ax}}{a^2+b^2}(a\sin bx - b\cos bx)$

問題 3.2 (1) $\frac{1}{4}(x^2+1)^4$ (2) $\frac{1}{9}(x^3+1)^3$ (3) $\frac{1}{3}(x^2-1)^{3/2}$ (4) $\frac{1}{4}\sin^4 x$
(5) $\frac{1}{2}\tan^2 x$ (6) $\frac{1}{3}(\log x)^3$ (7) $\frac{1}{2}\log|x^2+4x+1|$ (8) $\log(1-\cos x)$
(9) $\log|e^x - 1|$ (10) $\frac{-1}{x^4+1}$ (11) $\frac{-1}{\sqrt{x^2+1}}$
(12) $-\frac{1}{2}\log|\cos(x^2)|$ (13) $-\frac{1}{15}(1-2x)(1+3x)\sqrt{1-2x}$
(14) $-\frac{1}{3}(1+x)\sqrt{1-2x}$ (15) $2\sqrt{e^x+1} + \log\frac{\sqrt{e^x+1}-1}{\sqrt{e^x+1}+1}$
(16) $\log|e^x - 1| - x$ (17) $\frac{1}{3}(x^2+x+1)^3$ (18) $\frac{(x^2+3)^6}{12}$
(19) $\frac{2}{105}(x^3+3)^{5/2}(5x^3-6)$ (20) $\frac{3}{40}(2x+3)^{2/3}(4x-9)$
(21) $\frac{1}{2}(\log|x|)^2$ (22) $\log|1+\sin x|$ (23) $\sin x - \frac{\sin^3 x}{3}$
(24) $\log\frac{\sin(x/2)}{\cos(x/2)}$ (25) $\tanh\frac{x}{2}$ (26) $-\log(1+e^{-x})$

問題 3.3 (1) $\frac{1}{2}\log\left|\frac{x}{x+2}\right|$ (2) $\frac{1}{2}\log|2x-3|(x+2)^4$
(3) $\log|x+1| + \frac{2}{x+1}$ (4) $\frac{1}{\sqrt{3}}\arctan\frac{x}{\sqrt{3}}$ (5) $\frac{2}{\sqrt{3}}\arctan\frac{2x+1}{\sqrt{3}}$
(6) $\frac{1}{3}\arctan(3x+2)$ (7) $\log\frac{|x|}{\sqrt{x^2+1}}$

問題の解答

(8) $\dfrac{1}{6}\log\dfrac{(x-1)^2}{x^2+x+1} - \dfrac{1}{\sqrt{3}}\arctan\dfrac{2x+1}{\sqrt{3}}$ (9) $\dfrac{1}{4}\log\dfrac{(x+1)^2}{x^2+1} + \dfrac{1}{2}\arctan x$

(10) $\dfrac{1}{2}\log\left|\dfrac{x-2}{x+2}\right| + \arctan\dfrac{x}{2}$

(11) $\dfrac{3}{2}\log|x+2| + \dfrac{1}{2}\log|x-2| + \log(x^2+4) + \arctan\dfrac{x}{2}$

(12) $\log|x-2| - \dfrac{1}{x-2} + \arctan x$

(13) $\dfrac{1}{4}\log|x| - \dfrac{1}{4x} + \dfrac{3}{8}\log(x^2+4) + \dfrac{3}{8}\arctan\dfrac{x}{2}$

(14) $-\dfrac{1}{2x^2} + \dfrac{1}{2}\log(x^2+1) - \log|x|$ (15) $-\dfrac{1}{x} - \dfrac{x}{2(x^2+1)} - \dfrac{3}{2}\arctan x$

(16) $\arctan x^2$ (17) $\dfrac{1}{2a}\log\left|\dfrac{x-a}{x+a}\right|$ (18) $\dfrac{1}{a}\arctan\dfrac{x}{a}$

問題 3.4 (1) $\log\left|\sqrt{x^2+2x+2} + x + 1\right|$ (2) $\log\left|\sqrt{x^2+x+1} + x + \dfrac{1}{2}\right|$

(3) $\log\left|\sqrt{x^2+2x} + x + 1\right|$ (4) $\arcsin(x-1)$ (5) $\tan x - x$

(6) $\tan\dfrac{x}{2} + \sin x - x$ (7) $x - \dfrac{2\sin(x/2)}{\sin(x/2)+\cos(x/2)}$ (8) $\log\left|1+\tan\dfrac{x}{2}\right|$

(9) $\dfrac{x}{a^2\sqrt{x^2+a^2}}$ (10) $2\log\left(\sqrt{x-\alpha} + \sqrt{x-\beta}\right)$

(11) $\dfrac{1}{2}\left(x\sqrt{a^2-x^2} + a^2\arcsin\dfrac{x}{a}\right)$ (12) $-2\arctan\sqrt{\dfrac{\alpha-x}{x-\beta}}$

[(4) は $-2\arctan\sqrt{\dfrac{2-x}{x}}$ のように, (9) は $-\dfrac{1}{x^2+x\sqrt{x^2+a^2}+a^2}$ のように,
(12) は $\arcsin\dfrac{2x-\alpha-\beta}{\alpha-\beta}$ のように表すこともできる. ほかにも様々な表し方がある.]

問題 3.5 略 [(3) $\tan^2 x = \dfrac{1}{\cos^2 x} - 1$ を利用する.]

問題 3.6 (以下の答において, C, C_1, C_2 は積分定数) (1) Cx (2) $\pm\sqrt{x^2+C}$

(3) $-\arctan\left(\dfrac{\cos x}{\sin x} + C\right)$ (4) $x^2 + y^2 = Cy$

(5) $-\dfrac{1}{2}(\sin x + \cos x) + Ce^x$ (6) $x^2(\log|x| - 1) + Cx$ (7) $x^2\log x + Cx^2$

(8) $\dfrac{x-1}{x}e^x + \dfrac{C}{x}$ (9) $\left(\log\dfrac{x^2}{x^2+1} - \dfrac{1}{x} - \arctan x + C\right)\dfrac{1}{2x+1}$

(10) $\tfrac{1}{2}e^{3x} + C_1 e^{2x} + C_2 e^x$ (11) $x + 2 + C_1 x e^x + C_2 e^x$

(12) $-e^{-2x} + C_1 e^{-2x} \cos x + C_2 e^{-2x} \sin x$ (13) $-\frac{1}{2}\sin x + C_1 e^x + C_2 e^{-x}$
(14) $\left(x + \frac{1}{2} + Ce^{2x}\right)^{-1/2}$ (15) $\dfrac{x}{\sqrt[3]{3\sin x + C}}$ (16) $x + C_1 x^2 + C_2 x^3$

問題 3.7 略 [(1) $x = \frac{\pi}{2} - y$ と置換. (2) $x = \pi - y$ と置換. (3) $x = ay$ と置換. (4) $x = a - y$ と置換. (5) $\int_0^{a/2} f(a-x)\,dx$ において $y = a - x$ と置換. (6) $x^2 = y$ と置換. (7) 前問に引き続き $\int_1^4 $ を $\int_1^2 + \int_2^4$ として第 2 項で $x = \dfrac{4}{y}$ と置換.]

問題 3.8 (1) $f(1)$ (2) $f(x^2)$ (3) $2xf(x^2)$ (4) $f(2x) + f(-2x)$
(5) $2xf(x^2) - f(x)$

問題 3.9 (1) $2/\pi$ (2) $\pi/4$ (3) $2(\sqrt{2} - 1)$ (4) $\pi/4$ (5) $(1/2)\log 5$
(6) $\log(5/2)$ (7) $\log 2$ (8) $4/e$ [(1) $\int_0^1 \sin \pi x\,dx$ (2) $\int_0^1 \dfrac{dx}{\sqrt{2-x^2}}$
(3) $\int_0^1 \dfrac{dx}{\sqrt{1+x}}$ (4) $\int_0^1 \sqrt{1-x^2}\,dx$ (5) $\dfrac{1}{n}\sum_{k=1}^{2n} \dfrac{1}{1+2\frac{k}{n}}$ と変形し $[0,2]$ を ($\frac{1}{n}$ の幅で) $2n$ 等分して右端の値をとったと考える. (6) $\dfrac{1}{n}\sum_{k=1}^{3n} \dfrac{1}{2+\frac{k}{n}}$ と変形し $[0,3]$ を ($\frac{1}{n}$ の幅で) $3n$ 等分して右端の値をとったと考える. (7) $\dfrac{1}{n}\sum_{k=1}^{n} \dfrac{1}{1+\dfrac{k-\frac{1}{2}}{n}}$ と変形し $[0,1]$ を n 等分して中央の値をとったと考える. (8) log をとって計算する.]

問題 3.10 (1) $1/2$ (2) πab (3) $(3/8)\pi a^2$

問題 3.11 (1) $(2\sqrt{5} + \log(2+\sqrt{5}))/4$ (2) $6a$ (3) $a(e - e^{-1})$

問題 3.12 (1) $\pi^2/2$ (2) $5\pi^2 a^3$ (3) $\frac{32}{105}\pi a^3$

問題 3.13 (1) 4 (2) $2/3$ (3) -1 (4) 2 (5) $\pi/4$ (6) $\pi/4$ (7) $\frac{2}{9}\pi\sqrt{3}$
(8) $\pi/4$ (9) 1 (10) $1/2$ (11) $\pi/4$ (12) 1 (13) $1/2$ (14) $\frac{\pi}{4} + \frac{1}{2}\log 2$

問題 3.14 (1) $0 \le x \le 1$ で $e^x \ge 1$ なので,
$$\frac{e^x}{x} \ge \frac{1}{x}$$
であり, $\int_0^1 \dfrac{dx}{x}$ は発散するので, $\int_0^1 \dfrac{e^x}{x}\,dx$ は発散する.

問題の解答

(2) $0 \leq x \leq 1$ で $e^{-x} \leq 1$ なので,
$$\frac{e^{-x}}{\sqrt{x}} \leq \frac{1}{\sqrt{x}}$$
であり,$\int_0^1 \frac{dx}{\sqrt{x}}$ は収束するので,$\int_0^1 \frac{e^{-x}}{\sqrt{x}} dx$ は収束する.

(3) $x^3+1 > x^3$ なので,
$$\frac{x}{x^3+1} < \frac{x}{x^3} = \frac{1}{x^2}$$
であり,$\int_1^\infty \frac{dx}{x^2}$ は収束するので,$\int_1^\infty \frac{x}{x^3+1} dx$ は収束する.

(4) $|\sin x| \leq 1$ なので,
$$\frac{|\sin x|}{x^2} \leq \frac{1}{x^2}$$
であり,$\int_1^\infty \frac{dx}{x^2}$ は収束するので,$\int_1^\infty \frac{\sin x}{x^2} dx$ は収束する.

(5) $x > 1$ から $1 > \frac{1}{x}$ なので,
$$\frac{1}{\log x} > \frac{\frac{1}{x}}{\log x}$$
であり,
$$\int_1^e \frac{\frac{1}{x}}{\log x} dx = \lim_{\varepsilon \downarrow 0} \int_{1+\varepsilon}^e \frac{\frac{1}{x}}{\log x} dx$$
$$= \lim_{\varepsilon \downarrow 0} \bigl[\log(\log x)\bigr]_{1+\varepsilon}^e = \lim_{\varepsilon \downarrow 0} \{-\log(\log(1+\varepsilon))\} = \infty$$
だから,$\int_1^e \frac{dx}{\log x}$ は発散する.

(6) $0 \leq x \leq \frac{\pi}{2}$ で $\sin x \geq \frac{2}{\pi} x$ なので,
$$\frac{1}{\sqrt{\sin x}} \leq \frac{1}{\sqrt{\frac{2}{\pi} x}} = \sqrt{\frac{\pi}{2}} \frac{1}{\sqrt{x}}$$
であり,$\int_0^{\pi/2} \frac{dx}{\sqrt{x}}$ は収束するので,$\int_0^{\pi/2} \frac{dx}{\sqrt{\sin x}}$ は収束する.

問題 3.15 略 [(3) $y = 1-x$ と置換.(5) $y = 2x-1$ と置換.(6) $y = \frac{x}{1-x}$ と置換.(7) $x = \sin^2 \theta$ と置換.]

問題 **3.16** (1) $m \neq 0$ のとき π, $m = 0$ のとき 2π (2) $m \neq 0$ のとき π, $m = 0$ のとき 0 (3) 0 (4) 0 (5) 0

問題 **3.17** (1) $2\sum_{n=1}^{\infty} \dfrac{(-1)^{n-1}}{n} \sin nx$ (2) $\dfrac{\pi}{2} - \dfrac{4}{\pi} \sum_{n=1}^{\infty} \dfrac{\cos(2n-1)x}{(2n-1)^2}$
(3) $\dfrac{1}{2} - \dfrac{2}{\pi} \sum_{n=1}^{\infty} \dfrac{(-1)^n \cos(2n-1)x}{2n-1}$ (4) $\dfrac{4}{\pi} \sum_{n=1}^{\infty} \dfrac{\sin(2n-1)x}{2n-1}$ (5) $\sum_{n=1}^{\infty} \dfrac{\sin nx}{n}$
(6) $\dfrac{\pi^2}{3} + 4\sum_{n=1}^{\infty} \dfrac{(-1)^n \cos nx}{n^2}$ (7) $\dfrac{\sin \alpha \pi}{\pi}\left(\dfrac{1}{\alpha} + 2\alpha \sum_{n=1}^{\infty} \dfrac{(-1)^n \cos nx}{\alpha^2 - n^2}\right)$
(8) $\dfrac{e^\pi - e^{-\pi}}{\pi}\left(\dfrac{1}{2} + \sum_{n=1}^{\infty} \dfrac{(-1)^n \cos nx}{1 + n^2}\right)$

演習問題 [B]

問題 **3.18** (1) 区間 $[a, b]$ を分割して, $\Delta : a = x_0 < x_1 < \cdots < x_{n-1} < x_n = b$ とする. 小区間 $[x_{i-1}, x_i]$ における $f(x)$ の上限, 下限を M_i, m_i とし, $|f(x)|$ の上限, 下限を $\widetilde{M_i}$, $\widetilde{m_i}$ とする.
$$M_i - m_i \geq \widetilde{M_i} - \widetilde{m_i} \geq 0$$
から
$$\sum_{i=1}^n (M_i - m_i)(x_i - x_{i-1}) \geq \sum_{i=1}^n (\widetilde{M_i} - \widetilde{m_i})(x_i - x_{i-1}) \geq 0$$
となるが, $f(x)$ が積分可能であることにより, 上式の最左辺は, $|\Delta| \to 0$ のとき $\int_a^b f(x)\,dx - \int_a^b f(x)\,dx = 0$ に収束する. よって, $|f(x)|$ も積分可能である.

また, $f(x) \leq |f(x)|$ であることから, $\int_a^b f(x)\,dx \leq \int_a^b |f(x)|\,dx$ が成り立つ.

(2) 例 3.4 の $f(x)$ は $[0, 1]$ で積分可能でないが, $|f(x)| \equiv 1$ となるので $|f(x)|$ は $[0, 1]$ で積分可能である.

(※) 広義積分の場合には, 「$f(x)$ が積分可能ならば, $|f(x)|$ も積分可能」は成り立たない. (反例: $\int_1^\infty \dfrac{\sin x}{x}\,dx$ は収束するが, $\int_1^\infty \left|\dfrac{\sin x}{x}\right|\,dx$ は発散する.)

問題 **3.19** 連続関数 $f(x)$ が $[0, n+1]$ で単調増加なので
$$\int_0^n f(x)\,dx < f(1) + f(2) + \cdots + f(n) < \int_1^{n+1} f(x)\,dx$$
が成り立つ. $F(x) = \displaystyle\int_x^{n+x} f(t)\,dt$ とおくと, $F(x)$ は $[0, 1]$ で連続であり, $F(0) <$

問題の解答

$\sum_{k=1}^{n} f(k) < F(1)$ なので, $\sum_{k=1}^{n} f(k) = F(a)$ を満たす $a \in (0,1)$ が存在する.

問題 3.20 帰納法で証明する.

(i) $n = 1$ のとき, $f(x) = f(a) + \int_{a}^{x} f'(t)\, dt$ なので, 成り立つ.

(ii) $n = k$ のとき成り立つとして, $\int_{a}^{x} \dfrac{(x-t)^{k-1}}{(k-1)!} f^{(k)}(t)\, dt$ を部分積分すると,

$$\int_{a}^{x} \frac{(x-t)^{k-1}}{(k-1)!} f^{(k)}(t)\, dt = \left[-\frac{(x-t)^{k}}{k!} f^{(k)}(t)\right]_{a}^{x} + \int_{a}^{x} \frac{(x-t)^{k}}{k!} f^{(k+1)}(t)\, dt$$

$$= \frac{(x-a)^{k}}{k!} f^{(k)}(a) + \int_{a}^{x} \frac{(x-t)^{k}}{k!} f^{(k+1)}(t)\, dt$$

これは, $n = k+1$ のときに成り立つことを示している.

よって, 数学的帰納法により, 証明された.

問題 3.21 (1) $a_n = \binom{a}{n}$ とおくと,

$$\left|\frac{a_n}{a_{n+1}}\right| = \left|\frac{\binom{a}{n}}{\binom{a}{n+1}}\right| = \left|\frac{n+1}{a-n}\right| \to 1 \quad (n \to \infty)$$

から, 右辺の整級数の収束半径は 1 である.

(2) 定理 2.19 (2) により, $|x| < 1$ で

$$f'(x) = \sum_{n=1}^{\infty} \binom{a}{n} n x^{n-1} = \sum_{n=0}^{\infty} \binom{a}{n+1} (n+1) x^n$$

となるので,

$$(x+1)f'(x) = \sum_{n=1}^{\infty} \binom{a}{n} n x^n + \sum_{n=0}^{\infty} \binom{a}{n+1} (n+1) x^n$$

$$= a + \sum_{n=1}^{\infty} \left\{\binom{a}{n} n + \binom{a}{n+1} (n+1)\right\} x^n$$

$$= a + \sum_{n=1}^{\infty} a \binom{a}{n} x^n$$

$$= \sum_{n=0}^{\infty} a \binom{a}{n} x^n = af(x)$$

となる.

(3) 微分方程式 $(x+1)f'(x) = af(x)$ は変数分離形なので,

$$\frac{f'(x)}{f(x)} = \frac{a}{x+1}$$

として両辺を x で積分すると，
$$f(x) = C(1+x)^a$$
となるが，$f(0) = 1$ により，$C = 1$．よって，$f(x) = (1+x)^a$ が成り立つ．
(※) これは，例 2.21 の別証明である．

問題 3.22 (1) 区間 $[a,b]$ を分割して，$\Delta : a = \theta_0 < \theta_1 < \cdots < \theta_{n-1} < \theta_n = b$ とする．小区間 $[\theta_{i-1}, \theta_i]$ における $f(\theta)$ の最大値，最小値をそれぞれ M_i, m_i とすると，
$$\sum_{i=1}^n \frac{1}{2} m_i^2 (\theta_i - \theta_{i-1}) \leq S \leq \sum_{i=1}^n \frac{1}{2} M_i^2 (\theta_i - \theta_{i-1})$$
となる．$(f(\theta))^2$ は連続関数だから積分可能であり，$|\Delta| \to 0$ のとき $\sum_{i=1}^n \frac{1}{2} m_i^2 (\theta_i - \theta_{i-1})$ も $\sum_{i=1}^n \frac{1}{2} M_i^2 (\theta_i - \theta_{i-1})$ も $\int_a^b \frac{1}{2} (f(\theta))^2 d\theta$ に収束する．よって，
$$S = \frac{1}{2} \int_a^b (f(\theta))^2 \, d\theta$$

(2) $x = r\cos\theta = f(\theta)\cos\theta$, $y = r\sin\theta = f(\theta)\sin\theta$ に定理 3.4 を適用して，
$$L = \int_a^b \sqrt{(f'(\theta)\cos\theta - f(\theta)\sin\theta)^2 + (f'(\theta)\sin\theta + f(\theta)\cos\theta)^2} \, d\theta$$
$$= \int_a^b \sqrt{(f'(\theta))^2 + (f(\theta))^2} \, d\theta$$

(※) 重積分まで学んだ後であれば，(1) は
$$D = \{(x,y) = (r\cos\theta, r\sin\theta) \mid a \leq \theta \leq b,\ 0 \leq r \leq f(\theta)\}$$
の面積が $\iint_D dxdy$ で求められることから
$$E = \{(r,\theta) \mid a \leq \theta \leq b,\ 0 \leq r \leq f(\theta)\}$$
と極座標で変換して，
$$\iint_D dxdy = \iint_E r\,drd\theta = \int_a^b d\theta \int_0^{f(\theta)} r\,dr = \frac{1}{2} \int_a^b (f(\theta))^2 \, d\theta$$
と容易に証明できる．

問題 3.23

(1) $\displaystyle \frac{1}{2} \int_0^{2\pi} a^2 (1 + \cos\theta)^2 \, d\theta = \frac{a^2}{2} \int_0^{2\pi} \left(1 + 2\cos\theta + \frac{1 + \cos 2\theta}{2}\right) d\theta$
$$= \frac{a^2}{2} \left[\theta + 2\sin\theta + \frac{1}{2}\left(\theta + \frac{1}{2}\sin 2\theta\right)\right]_0^{2\pi} = \frac{3}{2} \pi a^2$$

(2) $\int_0^{2\pi} \sqrt{a^2(1+\cos\theta)^2 + (-a\sin\theta)^2}\,d\theta = a\int_0^{2\pi} \sqrt{2+2\cos\theta}\,d\theta$

$= 2a\int_0^{2\pi} \sqrt{\cos^2\frac{\theta}{2}}\,d\theta = 4a\int_0^{\pi} \cos\frac{\theta}{2}\,d\theta = 4a\left[2\sin\frac{\theta}{2}\right]_0^{\pi} = 8a$

第 4 章

問 15 (1) $f_x(x,y) = 2xe^{x^2-y^2}$, $f_y(x,y) = -2ye^{x^2-y^2}$
(2) $f_x(x,y) = -y\sin(xy)$, $f_y(x,y) = -x\sin(xy)$

問 16 $D(a,b) = f_{xx}(a,b)f_{yy}(a,b) - f_{xy}(a,b)^2 > 0$ から,$f_{xx}(a,b)f_{yy}(a,b) > f_{xy}(a,b)^2 \geq 0$ より,$f_{xx}(a,b)$ と $f_{yy}(a,b)$ は同符号である.

問 17 $f_y(a,b) \neq 0$ のとき,$f(x,y) = 0$ の陰関数 $y = \varphi(x)$ が存在して,$\varphi'(a) = -\dfrac{f_x(a,b)}{f_y(a,b)}$ である.よって,点 (a,b) における接線の方程式は,

$$y = -\frac{f_x(a,b)}{f_y(a,b)}(x-a) + b$$

である.これを整理すればよい.

$f_y(a,b) = 0$ のときは $f_x(a,b) \neq 0$ となるので,陰関数 $x = \psi(y)$ が存在することから,同様にして同じ式が得られる.

問 18 $F(x,y,\lambda) = f(x,y) - \lambda g(x,y) = (x+y)^3 - \lambda(x^2+y^2-2)$ とおく.

$$\begin{cases} F_x(x,y,\lambda) = 3(x+y)^2 - 2\lambda x = 0 \\ F_y(x,y,\lambda) = 3(x+y)^2 - 2\lambda y = 0 \\ F_\lambda(x,y,\lambda) = -(x^2+y^2-2) = 0 \end{cases}$$

を連立して解くと,$(x,y,\lambda) = (1,1,6), (-1,-1,6), (1,-1,0), (-1,1,0)$ となるので,極値を与える点の候補は,$(x,y) = (1,1), (-1,1), (-1,-1), (1,-1)$ の 4 つであり,これらの点で $(g_x, g_y) \neq (0,0)$ である.

$g(x,y) = 0$ 上における候補の点の $f(x,y)$ の値を計算すると,$f(1,1) = 8$, $f(-1,1) = 0$, $f(-1,-1) = -8$, $f(1,-1) = 0$ となり,これら以外に極値を与える点はないのだから,$f(1,1) = 8$ が極大値,$f(-1,-1) = -8$ が極小値,$(-1,1), (1,-1)$ では極値をとらないことがわかる.(次頁の図参照)

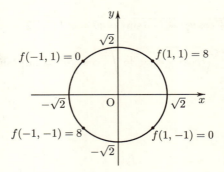

問 19 $g_y(x,y) = 6x + 10y$ から $g_y(2,-2) = -8 \neq 0$ により，点 $(2,-2)$ の近くで $g(x,y) = 0$ の陰関数 $y = \psi(x)$ が存在する．

$$k(x) = f(x, \psi(x)) = x^2 + (\psi(x))^2$$

とおく．$k'(x) = 2x + 2\psi(x)\psi'(x)$ であり，

$$\psi'(x) = -\frac{g_x(x,y)}{g_y(x,y)} = -\frac{10x + 6y}{6x + 10y} = -\frac{5x + 3y}{3x + 5y}$$

から，$(x,y) = (2,-2)$ で $\psi'(2) = 1$ であり，$k'(2) = 0$ である．
また，$k''(x) = 2 + 2\psi(x)\psi''(x) + 2(\psi'(x))^2$ であり，

$$\psi''(x) = -\frac{(5 + 3y')(3x + 5y) - (5x + 3y)(3 + 5y')}{(3x + 5y)^2} = -\frac{16(y - xy')}{(3x + 5y)^2}$$

から，$(x,y) = (2,-2)$ で $\psi''(2) = 4$ であり，$k''(2) = -12 < 0$ となるので，定理 2.15 によりこれは極大で，極大値 $f(2,-2) = 8$ である．

演習問題 [A]

問題 4.1 (1) なし (2) 0 (3) なし (4) なし (5) 1 (6) なし [(6) $x = y$ に沿って近づくと 0, $x = \sqrt{y}$ に沿って近づくと $1/2$]

問題 4.2 (1) $3\sqrt{2}$ (2) $-\sqrt{2}$ (3) $(\sqrt{3} - 1)/2$ (4) 0

問題 4.3 (1) $e^{\cos^2(2t)\sin(t^2)} \left(2t\cos^2(2t)\cos(t^2) - 4\cos(2t)\sin(2t)\sin(t^2)\right)$
(2) $f_x(e^{2t}\cos\varphi(t), e^{2t}\sin\varphi(t))\{e^{2t}(2\cos\varphi(t) - \varphi'(t)\sin\varphi(t))\} +$
$\qquad f_y(e^{2t}\cos\varphi(t), e^{2t}\sin\varphi(t))\{e^{2t}(2\sin\varphi(t) + \varphi'(t)\cos\varphi(t))\}$

問題 4.4 (1) $z_u = 2(u-v)\cos(u-v)^2$, $z_v = 2(v-u)\cos(u-v)^2$
(2) $z_u = -8f'(-8u + 10v)$, $z_v = 10f'(-8u + 10v)$

問題の解答   185

問題 4.5 略

問題 4.6 略

問題 4.7 略 $[\frac{\partial z}{\partial r} = f_x \cos\theta + f_y \sin\theta, \frac{\partial z}{\partial \theta} = r(-f_x \sin\theta + f_y \cos\theta), \frac{\partial^2 z}{\partial r^2} = f_{xx}\cos^2\theta + 2f_{xy}\cos\theta\sin\theta + f_{yy}\sin^2\theta, \frac{\partial^2 z}{\partial \theta^2} = r^2(f_{xx}\sin^2\theta - 2f_{xy}\sin\theta\cos\theta + f_{yy}\cos^2\theta) - r(f_x\cos\theta + f_y\sin\theta)\,]$

問題 4.8 (1) 極小値 $f(1,1) = -1$ $[f(0,0)$ は極値でない$]$
(2) 極小値 $f(1,1) = f(-1,-1) = -4$ $[f(0,0)$ は極値でない$]$
(3) 極小値 $f(1,2) = f(-1,-2) = 0$ $[f(0,0)$ は極値でない$]$
(4) 極大値 $f(-1,1) = f(1,-1) = 2$, 極小値 $f(1,1) = f(-1,-1) = -2$ $[f(-2,0), f(0,-2), f(0,0), f(0,2), f(2,0)$ は極値でない$]$
(5) 極小値 $f(0,1) = f(0,-1) = -1$ $[f(0,0)$ は極値でない$]$
(6) 極小値 $f(0,0) = 0$
(7) 極小値 $f(-1,1) = f(1,1) = -1$ $[f(0,1)$ は極値でない$]$
(8) 極小値 $f(2,1) = 6$
(9) 極大値 $f(\pi/6, \pi/6) = f(5\pi/6, 5\pi/6) = 3/2$ $[f(\pi/2, \pi/2)$ は極値でない$]$
(10) 極大値 $f(\pi/3, \pi/3) = (3/2)\sqrt{3}$, 極小値 $f(5\pi/3, 5\pi/3) = -(3/2)\sqrt{3}$ $[f(\pi, \pi)$ は極値でない$]$

問題 4.9 (1) $3x - y - 5 = 0$ (2) $x - 2y + 3 = 0$

問題 4.10 (1) 極大値 $\varphi(1) = 2$ (2) 極大値 $\varphi(1) = 1$, 極小値 $\varphi(-1) = -1$

問題 4.11 (1) 極大値 $f(1,-1) = 2$, 極小値 $f(-1,1) = -2$
(2) 極大値 $f(2, \sqrt{2}) = f(-2, -\sqrt{2}) = 2\sqrt{2}$, 極小値 $f(2, -\sqrt{2}) = f(-2, \sqrt{2}) = -2\sqrt{2}$
(3) 極大値 $f(3/2, 3/2) = 9/2$, 極小値 $f(0,0) = 0$ [(3) $F_x(x,y) = F_y(x,y) = 0$ から λ を消去して, $(x-y)(xy+x+y) = 0$. $x - y = 0$ と $g(x,y) = 0$ から $(x,y) = (0,0), (3/2, 3/2)$. $xy + x + y = 0$ と $g(x,y) = 0$ から $(x+y)\{(x-\frac{y}{2})^2 + \frac{3}{4}y^2 + 3\} = 0$ となるので, $x + y = 0$ と $g(x,y) = 0$ から $(x,y) = (0,0)$. $(x,y) = (3/2, 3/2)$ で極大になることは例題 4.9 と同様. $(x,y) = (0,0)$ においては $f_x(0,0) = f_y(0,0) = 0$ なので同様にはできないが, $f(x,y) \geq 0 = f(0,0)$ からわかる.]

問題 4.12 (1) $y = mx$ より, $f(x, mx) = 4x^2 - m^4 x^4 = h(x)$ とおく.
$$h'(x) = 8x - 4m^4 x^3 = 4x(2 - m^4 x^2) = 0$$

を解くと、$x = 0, \pm\sqrt{2}/m^2$ ($m \neq 0$ のとき). $h''(x) = 8 - 12m^4 x^2$ なので,

(i) $h''(0) = 8 > 0$ から, (m の値によらず) $x = 0$ で極小値 $f(0,0) = 0$ をとる.

(ii) $m \neq 0$ のときは, $h''(\pm\sqrt{2}/m^2) = -16 < 0$ から, $x = \pm\sqrt{2}/m^2$ で極大値 $f(\pm\sqrt{2}/m^2, \pm\sqrt{2}/m) = 4/m^4$ をとる.

(2) $\begin{cases} f_x = 8x = 0 \\ f_y = -4y^3 = 0 \end{cases}$ を解いて, $(x, y) = (0, 0)$. $D(x, y) = 8(-12y^2) - 0^2$ とおくと, $D(0,0) = 0$ となり, これだけでは判断できない.

$x = 0$ とすると $f(0, y) = -y^4 \leq 0$ となり, $y = 0$ とすると $f(x, 0) = 4x^2 \geq 0$ となるので, $(0, 0)$ では極値をとらない.

(※) (1) から, $y = mx$ 上では原点は常に極小であるが, (2) から, 原点は 2 変数関数としての極小ではないことがわかる.

演習問題 [B]

問題 4.13 (1) $\boldsymbol{v} = (\cos\theta, \sin\theta)$ に対して,

$$\frac{\partial f}{\partial \boldsymbol{v}}(0,0) = \lim_{h \downarrow 0} \frac{f(h\cos\theta, h\sin\theta) - f(0,0)}{h}$$
$$= \lim_{h \downarrow 0} \frac{h^2 \cos^2\theta \sin^2\theta}{h}$$
$$= \lim_{h \downarrow 0} h\cos^2\theta \sin^2\theta = 0 \quad (\because |\cos^2\theta \sin^2\theta| \leq 1)$$

$f_x(0,0) = f_y(0,0) = 0$ となるので, 原点で全微分可能であるためには, $f(h,k) = o\left(\sqrt{h^2 + k^2}\right)$ $((h,k) \to (0,0))$ であればよい.

極座標 $h = r\cos\theta$, $k = r\sin\theta$ とおくと,

$$\lim_{(h,k) \to (0,0)} \frac{f(h,k)}{\sqrt{h^2 + k^2}} = \lim_{r \downarrow 0} \frac{f(r\cos\theta, r\sin\theta)}{r}$$

これは, 上で求めたものと同じで, 極限値は 0 である. よって, 原点で全微分可能である.

(2) $\dfrac{\partial f}{\partial \boldsymbol{v}}(0,0) = \lim_{h \downarrow 0} \dfrac{h\cos\theta\sin\theta}{h} = \lim_{h \downarrow 0} \cos\theta\sin\theta = \cos\theta\sin\theta$

$f_x(0,0) = f_y(0,0) = 0$ となるので, 原点で全微分可能であるためには, $f(h,k) = o\left(\sqrt{h^2 + k^2}\right)$ $((h,k) \to (0,0))$ であればよい.

極座標 $h = r\cos\theta$, $k = r\sin\theta$ とおくと,

$$\lim_{(h,k) \to (0,0)} \frac{f(h,k)}{\sqrt{h^2 + k^2}} = \lim_{r \downarrow 0} \frac{f(r\cos\theta, r\sin\theta)}{r}$$

問題の解答

これは，上で求めたものと同じで，極限値は $\cos\theta\sin\theta \neq 0$ である．よって，原点で全微分可能ではない．

(3) $\dfrac{\partial f}{\partial \boldsymbol{v}}(0,0) = \lim_{h\downarrow 0}\dfrac{h\cos^3\theta + h\sin^3\theta}{h} = \cos^3\theta + \sin^3\theta$

$f_x(0,0) = f_y(0,0) = 1$ となるので，原点で全微分可能であるためには，$f(h,k) = h + k + o\left(\sqrt{h^2+k^2}\right)$ $((h,k)\to(0,0))$ であればよい．

極座標 $h = r\cos\theta$, $k = r\sin\theta$ とおくと，

$$\lim_{(h,k)\to(0,0)}\frac{f(h,k)-h-k}{\sqrt{h^2+k^2}} = \lim_{r\downarrow 0}\frac{f(r\cos\theta, r\sin\theta) - r\cos\theta - r\sin\theta}{r}$$
$$= \lim_{r\downarrow 0}\frac{r\cos^3\theta + r\sin^3\theta - r\cos\theta - r\sin\theta}{r}$$
$$= \cos^3\theta + \sin^3\theta - \cos\theta - \sin\theta \neq 0$$

よって，原点で全微分可能ではない．

(※) 問題 4.15 から，全微分可能ならば，$\boldsymbol{v} = (\cos\theta, \sin\theta)$ のとき

$$\frac{\partial f}{\partial \boldsymbol{v}}(0,0) = f_x(0,0)\cos\theta + f_y(0,0)\sin\theta$$

となるが，(2), (3) ではそうなっていないことから，$o\left(\sqrt{h^2+k^2}\right)$ の計算をしなくてもすぐに全微分可能ではないと結論できる．

問題 4.14 (1) $f_x(0,0) = \lim_{h\to 0}\dfrac{f(h,0)-f(0,0)}{h} = 0$ であり，同様に $f_y(0,0) = 0$ となるから，原点で全微分可能であることを示すためには，$f(h,k) = o\left(\sqrt{h^2+k^2}\right)$ $((h,k)\to(0,0))$ をいえばよい．

極座標 $h = r\cos\theta$, $k = r\sin\theta$ とおくと，$\left|\cos\theta\sin\theta\sin\frac{1}{r}\right| \leq 1$ より，

$$\lim_{(h,k)\to(0,0)}\frac{hk\sin\frac{1}{\sqrt{h^2+k^2}}}{\sqrt{h^2+k^2}} = \lim_{r\downarrow 0}\frac{r^2\cos\theta\sin\theta\sin\frac{1}{r}}{r} \to 0$$

よって，原点で全微分可能である．

(2) $(x,y)\neq(0,0)$ のとき，

$$f_x(x,y) = y\sin\frac{1}{\sqrt{x^2+y^2}} - \frac{x^2 y}{(x^2+y^2)^{3/2}}\cos\frac{1}{\sqrt{x^2+y^2}}$$

となる．$\lim_{(x,y)\to(0,0)}f_x(x,y) = 0 = f_x(0,0)$ を確かめればよいが，

$$\lim_{x\downarrow 0}f_x(x,x) = x\sin\frac{1}{x\sqrt{2}} - \frac{1}{2^{3/2}}\cos\frac{1}{x\sqrt{2}}$$

は収束しないので，C^1 級ではない．

問題 4.15 (1) $\boldsymbol{v} = (\alpha, \beta)$ とするとき，$f(x,y)$ が点 (a,b) で全微分可能であるとすると，

$$\frac{\partial f}{\partial \boldsymbol{v}}(a,b) = \lim_{h \downarrow 0} \frac{f(a+h\alpha, b+h\beta) - f(a,b)}{h}$$
$$= \lim_{h \downarrow 0} \frac{f(a,b) + f_x(a,b)h\alpha + f_y(a,b)h\beta + o(h) - f(a,b)}{h}$$
$$= \lim_{h \downarrow 0} \left(f_x(a,b)\alpha + f_y(a,b)\beta + \frac{o(h)}{h} \right)$$
$$= f_x(a,b)\alpha + f_y(a,b)\beta = \nabla f \cdot \boldsymbol{v}$$

(2) $\boldsymbol{v}$ は単位ベクトルなので，∇f と $\boldsymbol{v}$ のなす角を θ とすると，$\frac{\partial f}{\partial \boldsymbol{v}} = \nabla f \cdot \boldsymbol{v} = |\nabla f| \cos \theta$ である．よって，$\frac{\partial f}{\partial \boldsymbol{v}}$ は，$\theta = 0$ のとき最大値 $|\nabla f|$ をとり，$\theta = \pi$ のとき最小値 $-|\nabla f|$ をとる．

(※) 本問からわかるように，∇f は曲面 $z = f(x,y)$ の最も急な勾配の方向を表している．

問題 4.16 東西方向を x の向きとし，南北方向を y の向きとする．仮定より $f_y = \frac{1}{5}$ である．最も急な勾配の方向は $\nabla f = (f_x, \frac{1}{5})$ の方向であり，そのときの勾配は $|\nabla f| = \sqrt{f_x^2 + \frac{1}{25}}$ である．よって，$\sqrt{f_x^2 + \frac{1}{25}} = \frac{1}{3}$ を解いて，$f_x = \pm \frac{4}{15}$ である．

問題 4.17 (1) $y \neq 0$ のとき

$$f_x(0,y) = \lim_{h \to 0} \frac{f(h,y) - f(0,y)}{h} = \lim_{h \to 0} y \frac{h^2 - y^2}{h^2 + y^2} = -y$$

$y = 0$ のとき

$$f_x(0,0) = \lim_{h \to 0} \frac{f(h,0) - f(0,0)}{h} = \lim_{h \to 0} \frac{0-0}{h} = 0$$

よって，$y \neq 0$ でも $y = 0$ でも $f_x(0,y) = -y$ である．
同様にして，$f_y(x,0) = x$ である．

(2) $f_{xy}(0,0) = \lim_{k \to 0} \frac{f_x(0,k) - f_x(0,0)}{k} = \lim_{k \to 0} \frac{-k}{k} = -1$

$f_{yx}(0,0) = \lim_{h \to 0} \frac{f_y(h,0) - f_y(0,0)}{h} = \lim_{h \to 0} \frac{h}{h} = 1$

よって，$f_{xy}(0,0) \neq f_{yx}(0,0)$.

(※) 定理 4.7 より，これは C^2 級にならない例である．

問題の解答

問題 4.18 $\varphi'(x) = -\dfrac{f_x(x, \varphi(x))}{f_y(x, \varphi(x))}$ なので，これを微分して，

$$\varphi''(x) = -\frac{\left(\frac{d}{dx} f_x(x, \varphi(x))\right) f_y(x, \varphi(x)) - f_x(x, \varphi(x)) \left(\frac{d}{dx} f_y(x, \varphi(x))\right)}{(f_y(x, \varphi(x)))^2}$$

ここで，

$$\frac{d}{dx} f_x(x, \varphi(x)) = f_{xx}(x, \varphi(x)) + f_{xy}(x, \varphi(x)) \varphi'(x)$$

$$= f_{xx}(x, \varphi(x)) - f_{xy}(x, \varphi(x)) \frac{f_x(x, \varphi(x))}{f_y(x, \varphi(x))}$$

$$\frac{d}{dx} f_y(x, \varphi(x)) = f_{yx}(x, \varphi(x)) + f_{yy}(x, \varphi(x)) \varphi'(x)$$

$$= f_{yx}(x, \varphi(x)) - f_{yy}(x, \varphi(x)) \frac{f_x(x, \varphi(x))}{f_y(x, \varphi(x))}$$

よって，

$$\varphi''(x) = -\frac{\left(f_{xx} - f_{xy}\dfrac{f_x}{f_y}\right) f_y - f_x \left(f_{yx} - f_{yy}\dfrac{f_x}{f_y}\right)}{f_y^2}$$

$$= -\frac{(f_{xx} f_y - f_{xy} f_x) f_y - f_x (f_{yx} f_y - f_{yy} f_x)}{f_y^3}$$

$$= -\frac{f_{xx} f_y^2 - 2 f_{xy} f_x f_y + f_{yy} f_x^2}{f_y^3}$$

問題 4.19 $\varphi'(a) = -\dfrac{f_x(a,b)}{f_y(a,b)}$ なので，$f_x(a,b) = 0$ は $\varphi'(a) = 0$ を意味する．
前問から，$\varphi''(a) = -\dfrac{f_{xx}(a,b)(f_y(a,b))^2}{(f_y(a,b))^3} = -\dfrac{f_{xx}(a,b)}{f_y(a,b)}$ となるので，$\varphi(x)$ は，$\varphi''(a) > 0$ のとき $x = a$ で極小となり，$\varphi''(a) < 0$ のとき $x = a$ で極大となる．

第 5 章

演習問題 [A]

問題 5.1 (1) $\displaystyle\int_0^1 dy \int_{\sqrt{y}}^1 f(x, y)\,dx$

(2) $\displaystyle\int_0^1 dy \int_{1-y}^1 f(x, y)\,dx + \int_1^2 dy \int_{y-1}^1 f(x, y)\,dx$

(3) $\int_0^1 dy \int_{\sqrt{1-y^2}}^1 f(x,y)\,dx + \int_1^2 dy \int_{\log_2 y}^1 f(x,y)\,dx$

(4) $\int_{-1}^1 dy \int_{1-\sqrt{1-y^2}}^{1+\sqrt{1-y^2}} f(x,y)\,dx$

(5) $\int_{-1}^0 dy \int_1^{1+\sqrt{1+y}} f(x,y)\,dx + \int_0^{\log 2} dy \int_{e^y}^2 f(x,y)\,dx$

(6) $\int_0^5 dy \int_1^4 f(x,y)\,dx + \int_5^8 dy \int_{3-\sqrt{9-y}}^4 f(x,y)\,dx$

$\quad + \int_8^9 dy \int_{3-\sqrt{9-y}}^{3+\sqrt{9-y}} f(x,y)\,dx$

問題 5.2 (1) $\dfrac{3}{5}$ (2) $\dfrac{1}{2}(e-1)$ (3) $\dfrac{1}{12}\log 2$ (4) 0 (5) $\dfrac{1}{2}$ (6) $\dfrac{4}{15}(1+\sqrt{2})$

(7) $\dfrac{\sqrt{2}}{2\pi}$ (8) $\sqrt{e} - \dfrac{e}{2}$ (9) $\dfrac{2}{3}(\sqrt{2}-1)$ (10) $\dfrac{1}{2}(e^2-2)e^2$ (11) $\dfrac{241}{60}$

(12) $\dfrac{4}{\pi^3}(\pi+2)$

問題 5.3 $\int_0^{\pi/4} d\theta \int_0^{\frac{a}{\cos\theta}} f(r\cos\theta, r\sin\theta) r\,dr$

$\quad + \int_{\pi/4}^{\pi/2} d\theta \int_0^{\frac{a}{\sin\theta}} f(r\cos\theta, r\sin\theta) r\,dr$

問題 5.4 (1) $4\log 3$ (2) $1/8$ (3) $1/4$ (4) $\pi^2/16$ (5) $2(e-4e^{-1})/3$

(6) $(e-1)/e^2$ (7) $\pi/2$ (8) $38\pi/3$ (9) $\dfrac{1}{4}(2\sqrt{2}-\sqrt{6})\log 2$ (10) 2

(11) $93/8$ (12) $\dfrac{e-1}{2e}$ (13) $\log \dfrac{2e}{e+1}$ (14) $\frac{1}{3}\left(\frac{13}{3}-\log 2\right)$ (15) $\frac{1}{2}\sin 1$

(16) 8 [(1) $u=xy$, $v=xy^2$ と置換. (2) $u=y/x^3$, $v=x/y^3$ と置換.
(3), (4), (5) $u=x+y$, $v=x-y$ と置換. (6) $u=xy$, $v=y$ と置換.
(7), (8), (9) $x=r\cos\theta$, $y=r\sin\theta$ と置換. (10), (11) $u=y^2/x$, $v=x^2/y$ と置換. (12), (13), (14) $u=x$, $v=x+y$ と置換. (15) $u=x-y$, $v=x+y$ と置換.
(16) $u=x^2-y^2$, $v=xy$ と置換.]

問題 5.5 (1) $\iint_{\{x^2+y^2\leq 1\}} (1-x^2-y^2)\,dxdy = \dfrac{\pi}{2}$

(2) $\iint_{\{x^2+y^2\leq x\}} (x-x^2-y^2)\,dxdy = \dfrac{\pi}{32}$

(3) $\iint_{\{x^2+y^2\leq 2x\}} (1-y)\,dxdy = \pi$

(4) $\iint_{\{x^2+y^2\leq a^2-b^2\}} \left(\sqrt{a^2-x^2-y^2}-b\right) dxdy = \dfrac{\pi}{3}(a-b)^2(2a+b)$

(5) $2\iint_{\{x^2+y^2\leq 3\}} \left\{\sqrt{4-x^2-y^2}-\left(2-\sqrt{4-x^2-y^2}\right)\right\} dxdy = \dfrac{10}{3}\pi$

(6) $\iint_{\{x^2+y^2\leq 4y\}} x^2 y\,dxdy = 8\pi$

(7) $\displaystyle\int_0^1 dx\int_x^1 x^2 e^{y^2}\,dy = \dfrac{1}{6}$

(8) $\iint_{\{8-x^2-4y^2\geq x^2+4y^2\}} \{(8-x^2-4y^2)-(x^2+4y^2)\}\,dxdy = 8\pi$

(9) $\iint_{\{x^2-6y^2+19\geq 5x^2+3y^2-17\}} \{(x^2-6y^2+19)-(5x^2+3y^2-17)\}\,dxdy = 108\pi$

(10) $\iint_{\{7-4x^2\geq 5x^2+y^2-2\}} \{(9x^2+y^2)(7-4x^2)-(9x^2+y^2)(5x^2+y^2-2)\}\,dxdy$
$= \dfrac{81}{2}\pi$

(11) $\iint_{\{x+y\leq 6,\,x\geq 0,\,y\geq 0\}} (6-x-y)\,dxdy = 36$

(12) $\iint_{\{0\leq x\leq 2,\,0\leq y\leq 6\}} (4-x^2)\,dxdy = 32$

(13) $\iint_{\{x^2+y^2\leq a^2\}} (x^2+y^2)\,dxdy = \dfrac{\pi}{2}a^4$

(14) $\iint_{\{x^2+y^2\leq 1\}} \left\{\sqrt{x^2+y^2}-(x^2+y^2)\right\} dxdy = \dfrac{\pi}{6}$

(15) $\iint_{\{\frac{x}{a}+\frac{y}{b}\leq 1,\,x\geq 0,\,y\geq 0\}} c\left(1-\dfrac{x}{a}-\dfrac{y}{b}\right) dxdy = \dfrac{abc}{6}$

(16) $\iint_{\{0\leq x\leq a,\,0\leq y\leq a\}} (x^2+y^2)\,dxdy = \dfrac{2}{3}a^4$

(17) $\iint_{\{4-x^2-y^2\geq 0\}} (4-x^2-y^2)\,dxdy = 8\pi$

問題 5.6 (1) $4\pi a^2$ (2) 4 (3) 2π (4) $2\pi a(a-b)$ (5) $\dfrac{\pi}{6}\{(1+4a^2)^{3/2}-1\}$
(6) $8\sqrt{6}\pi$ (7) $8a^2$ (8) 8π

問題 5.7 (1) $-\pi/2$ (2) $\pi/4$ (3) 2π (4) 2π (5) $1/2$

演習問題 [B]

問題 5.8 (1) $\dfrac{\partial}{\partial y}\dfrac{y}{x^2+y^2}=\dfrac{x^2-y^2}{(x^2+y^2)^2}$

(2) (1) から，

$$\int_0^1 dx \int_0^1 \frac{x^2-y^2}{(x^2+y^2)^2}\,dy = \int_0^1 \left[\frac{y}{x^2+y^2}\right]_0^1 dx$$
$$= \int_0^1 \frac{dx}{x^2+1} = [\arctan x]_0^1 = \frac{\pi}{4}$$

同様にして，

$$\int_0^1 dy \int_0^1 \frac{x^2-y^2}{(x^2+y^2)^2}\,dx = \int_0^1 \left[\frac{-x}{x^2+y^2}\right]_0^1 dx = -\frac{\pi}{4}$$

よって，$\displaystyle\int_0^1 dx \int_0^1 f(x,y)\,dy \neq \int_0^1 dy \int_0^1 f(x,y)\,dx$ である.

問題 5.9 この曲面は $y^2+z^2=(f(x))^2$ と表される．よって，

$$z=\sqrt{(f(x))^2-y^2}$$

の $D=\{(x,y)\mid a\leq x\leq b,\ -|f(x)|\leq y\leq |f(x)|\}$ の部分の曲面積の 2 倍が求める面積である．

$$z_x=\frac{f(x)f'(x)}{\sqrt{(f(x))^2-y^2}},\quad z_y=\frac{-y}{\sqrt{(f(x))^2-y^2}}$$

により，

$$S = 2\iint_D \sqrt{(z_x)^2+(z_y)^2+1}\,dxdy$$
$$= 2\iint_D \sqrt{\frac{(f(x))^2(f'(x))^2+y^2+(f(x))^2-y^2}{(f(x))^2-y^2}}\,dxdy$$
$$= 2\int_a^b |f(x)|\sqrt{(f'(x))^2+1}\,dx \int_{-|f(x)|}^{|f(x)|} \frac{dy}{\sqrt{(f(x))^2-y^2}}$$
$$= 2\int_a^b |f(x)|\sqrt{(f'(x))^2+1}\left[\arcsin\frac{y}{f(x)}\right]_{-|f(x)|}^{|f(x)|} dx$$
$$= 2\pi \int_a^b |f(x)|\sqrt{(f'(x))^2+1}\,dx$$

問題の解答

問題 5.10

(1) $\displaystyle 2\pi \int_{-a}^{a} a\cosh\frac{x}{a}\sqrt{1+\left(\sinh\frac{x}{a}\right)^2}\,dx = 2\pi a \int_{-a}^{a} \cosh^2\frac{x}{a}\,dx$

$\displaystyle \qquad\qquad\qquad\qquad\qquad\qquad\quad = 2\pi a \int_{-a}^{a} \frac{1}{2}\left(\cosh\frac{2x}{a}+1\right)dx$

$\displaystyle \qquad\qquad\qquad\qquad\qquad\qquad\quad = \pi a \left[\frac{a}{2}\sinh\frac{2x}{a}+x\right]_{-a}^{a}$

$\displaystyle \qquad\qquad\qquad\qquad\qquad\qquad\quad = \frac{\pi}{2}a^2\left(\sinh 2 - \sinh(-2)+4\right)$

$\displaystyle \qquad\qquad\qquad\qquad\qquad\qquad\quad = \frac{\pi}{2}a^2\left(e^2-e^{-2}+4\right)$

(2) $\displaystyle 2\pi\int_0^{2\pi a} y\sqrt{1+\left(\frac{dy}{dx}\right)^2}\,dx = 2\pi\int_0^{2\pi} y\sqrt{1+\left(\frac{\frac{dy}{dt}}{\frac{dx}{dt}}\right)^2}\frac{dx}{dt}\,dt$

$\displaystyle\quad = 2\pi\int_0^{2\pi} a(1-\cos t)\sqrt{1+\left\{\frac{a\sin t}{a(1-\cos t)}\right\}^2}\,a(1-\cos t)\,dt$

$\displaystyle\quad = 2\pi a^2\int_0^{2\pi}(1-\cos t)^2\sqrt{1+\left(\frac{\sin t}{1-\cos t}\right)^2}\,dt$

$\displaystyle\quad = 2\pi a^2\int_0^{2\pi}(1-\cos t)\sqrt{2-2\cos t}\,dt$

$\displaystyle\quad = 2\pi a^2\sqrt{2}\int_0^{2\pi}(1-\cos t)^{3/2}\,dt$

$\displaystyle\quad = 16\pi a^2\int_0^{\pi}\sin^3\frac{t}{2}\,dt$

$\displaystyle\quad = 32\pi a^2\int_0^{\pi/2}\sin^3 s\,ds \qquad (s=\tfrac{t}{2} \text{と置換})$

$\displaystyle\quad = 32\pi a^2\frac{2}{3} = \frac{64}{3}\pi a^2$

(3) $\displaystyle 2\pi\int_{-a}^{a} y\sqrt{1+\left(\frac{dy}{dx}\right)^2}\,dx = 2\pi\int_\pi^0 y\sqrt{1+\left(\frac{\frac{dy}{dt}}{\frac{dx}{dt}}\right)^2}\frac{dx}{dt}\,dt$

$\displaystyle\quad = 2\pi\int_\pi^0 a\sin^3 t\sqrt{1+\left(\frac{3a\sin^2 t\cos t}{-3a\cos^2 t\sin t}\right)^2}(-3a\cos^2 t\sin t)\,dt$

$\displaystyle\quad = 6\pi a^2\int_0^\pi \sin^4 t\cos^2 t\sqrt{1+\left(\frac{\sin t}{\cos t}\right)^2}\,dt$

$\displaystyle\quad = 12\pi a^2\int_0^{\pi/2}\sin^4 t\cos t\,dt$

$$= 12\pi a^2 \left[\frac{1}{5}\sin^5 t\right]_0^{\pi/2} = \frac{12}{5}\pi a^2$$

問題 5.11

$$\begin{aligned}
\Gamma\left(\frac{1}{2}\right) &= \int_0^\infty e^{-x} x^{-1/2} dx \\
&= \int_0^\infty e^{-y^2} y^{-1} \cdot 2y\, dy \quad (y = x^{1/2} \text{ と置換}) \\
&= 2\int_0^\infty e^{-y^2} dy \\
&= \sqrt{\pi} \text{ (例題 5.8 より)}
\end{aligned}$$

また,$\Gamma(\frac{5}{2}) = \frac{3}{2}\Gamma(\frac{3}{2}) = \frac{3}{2}\frac{1}{2}\Gamma(\frac{1}{2}) = \frac{3}{4}\sqrt{\pi}$ である.

索　引

あ　行

アステロイド 101, 158
鞍点 119
1対1 20
オイラーの定数 166

か　行

カーヂオイド 104
開区間 6
回転体
　　――の曲面積 158
　　――の体積 85
下界 7
下限 7
カテナリー 70, 101, 158
カバリエリの原理 84
関数 20
　　陰―― 122
　　ガンマ―― 88, 102, 153
　　奇―― 92
　　逆―― 21
　　逆三角―― 21, 34
　　偶―― 92
　　原始―― 59
　　合成―― 19
　　双曲線―― 26
　　導―― 30
　　ベータ―― 89, 102, 153
級数 10
　　交代―― 13
　　整―― 47
　　正項―― 14
　　テイラー―― 45
　　フーリエ―― 90
　　マクローリン―― 45
極限 17
　　下―― 26
　　上―― 26
　　左―― 18
　　右―― 18
曲線の長さ 82, 104
極値 42, 118
コーシー・アダマールの定理 58

さ　行

サイクロイド 82, 83, 101, 158
最小値 6
最大値 6
最大値・最小値の原理 20
C^n級, C^∞級 36, 116
自然数 1
自然対数 23
　　――の底 10
実数 2
　　――の連続性 2
写像 20
　　逆―― 21
収束 3, 10

——半径 47
　　条件—— 13
　　絶対—— 16
収束判定法
　　コーシーの—— 175
　　ダランベールの—— 49
上界 7
上限 7
剰余項 42
整数 1
積分
　　——定数 59
　　広義—— 86
　　不定—— 59
全射 20
全単射 20
像 20

た 行

対数微分法 35
縦線領域 137
単射 20
値域 20
置換積分法 61
中間値の定理 19
稠密 2
定義域 20
定数変化法 72
テイラー展開 45
テイラーの定理 ... 40, 41, 44, 104, 117
峠点 119

な 行

二項係数 9
　　負の—— 49
ニュートン法 166

ネイピア数 10

は 行

パーセバルの等式 92
はさみうちの原理 5
発散 3, 10
半開区間 6
比較判定法 14
微分 29
　　——可能 29
　　——係数 29
　　全—— 111
　　偏—— 109
　　方向—— 111
微分積分学の基本定理 78
フーリエ展開 91
複素数 2, 54
不定形 39
負の二項展開 49
部分積分法 60
平均値の定理 37
　　コーシーの—— 38
　　積分の—— 77
閉区間 6
ヘッシアン 122

ま 行

マクローリン展開 45
マクローリンの定理 41, 118
無理数 2

や 行

ヤコビアン 114, 141
ヤコビ行列 114
有界 6
有理数 1

横線領域．．．．．．．．．．．．．．．．．．．．．．137

ら 行

ライプニッツの法則．．．．．．．．．．．．．．．36
ラグランジュの未定乗数法．．．．．．．．127
ランダウの記号．．．．．．．．．．．．．．．．．．44

レムニスケート．．．．．．．．．．．．．．．．．．123
連鎖律．．．．．．．．．．．．．．．．．．．．．．．．．．114
連続．．．．．．．．．．．．．．．．．．．．．．．．18, 108
連続微分可能．．．．．．．．．．．．．．．．36, 116
ロピタルの定理．．．．．．．．．．．．．．．．．．．38
ロルの定理．．．．．．．．．．．．．．．．．．．．．．．37

監修者略歴

前田 定廣(まえだ さだひろ)

- 1978年 熊本大学大学院理学研究科修士課程修了
- 現　在 佐賀大学大学院工学系研究科教授，理学博士(東京都立大学)

梶木屋 龍治(かじきや りゅうじ)

- 1983年 広島大学大学院理学研究科博士課程前期修了
- 現　在 佐賀大学大学院工学系研究科教授，理学博士(広島大学)

著者略歴

日比野 雄嗣(ひびの ゆうじ)

- 1988年 名古屋大学理学部数学科卒業
- 1993年 熊本大学大学院自然科学研究科博士課程修了
- 現　在 佐賀大学大学院工学系研究科准教授，理学博士(熊本大学)

Ⓒ 日比野雄嗣 2015

2015年 5月28日 初版発行
2019年 4月15日 初版第2刷発行

ステップアップ微分積分学

監修者　前田定廣
　　　　梶木屋龍治
著　者　日比野雄嗣
発行者　山本　格

発行所　株式会社 培風館
東京都千代田区九段南4-3-12・郵便番号 102-8260
電話(03)3262-5256(代表)・振替 00140-7-44725

中央印刷・牧 製本

PRINTED IN JAPAN

ISBN 978-4-563-00495-8　C3041